Knaur

Über den Autor:

Eugene Linden schreibt u. a. für *Time Magazine* und *National Geographic* und ist Autor von zahlreichen naturwissenschaftlichen Büchern, darunter: »Die Kolonie der sprechenden Schimpansen« (1980). Er lebt mit seiner Familie in Nyach, New York, USA.

Eugene Linden

# Das Schwein, das gern zur Arbeit ging

... und weitere kuriose Geschichten aus dem Tierreich

Aus dem Englischen
von Hans Link

Knaur

*Für Mary*

Besuchen Sie uns im Internet:
www.droemer-knaur.de

Vollständige Taschenbuchausgabe 2003
Droemersche Verlagsanstalt Th. Knaur Nachf., München
Der Titel ist in der gebundenen Ausgabe beim Scherz Verlag
unter dem Titel *Tierisch klug* erschienen.

Umschlaggestaltung: ZERO Werbeagentur, München
Umschlagabbildung: Thomas Messavilla, München
Druck und Bindung: Norhaven Paperback A/S
Printed in Denmark
ISBN 3-426-77666-9

2 4 5 3 1

# Inhalt

# Vorwort

Tiere treten in meinen Arbeiten in so mannigfaltiger Gestalt auf, dass ein Psychiater, sollte er mich jemals auf seine Couch bekommen, mit guten Gründen annehmen könnte, das Affen, Delphinen, Vögeln, Katzen- und Hundeartigen in meinem Weltbild die Bedeutung von Totems zukäme – dass ich in unseren Mitgeschöpfen Verkörperungen eines jeden Aspekts des menschlichen Lebens sehe. Der Seelenklempner läge damit natürlich richtig. Genau so sehe ich die Welt. Darin, wie wir Tiere in Gefangenschaft behandeln, spiegelt sich unser Bild von uns selbst und unserer Menschlichkeit. Daran, wie wir die unberührte Natur behandeln, lässt sich ablesen, ob wir auch in der Behandlung des Restes der natürlichen Ordnung auf dem Holzweg sind.

Meine Schriftstellerei hat mich bis in die fernsten Winkel der Welt geführt, und selbst da, wo es mein Ziel war, über völlig andere Themen zu schreiben, pflegten unweigerlich Tiere aufzutauchen. Beispielsweise besuchte ich im Herbst 1996 das Südpolargebiet mit dem erklärten Auftrag, über die Stellung des Frostkontinents im globalen klimatischen System zu schreiben. Als ich dann dort war, erschien mir bald die beobachtete Auswirkung eines frühen Aufbruchs des See-Eises im McMurdo-Sund auf die Population der Kaiserpinguine ein besonders überzeugendes Beispiel zu liefern, mit dem ich das empfindliche Gleichgewicht von Klima und Leben in dieser extremen Umwelt darstellen konnte. In diesem antarktischen Herbst brach das See-Eis zwei Wochen früher auf als sonst und zwang die Jungvögel, ihre Wanderschaft durch den südlichen Ozean anzutreten, bevor sie dazu bereit waren, so dass die meisten von ihnen wahrscheinlich zu einem frühen Tod verurteilt waren.

Meistens aber war ich ohnehin der Tiere wegen unterwegs. Ich war an Orten in Zentralafrika, wo die Tiere niemals zuvor Menschen begegnet waren, und in Südostasien, wo heute noch große, der Wissenschaft bisher unbekannte Arten entdeckt werden. Ich habe fast alle größeren Forschungsstationen für Freilandstudien an den großen Affen besucht und die Regenwälder in Borneo, Indien und verschiedenen Teilen des Amazonasgebietes bereist, um über den Rückgang der Artenvielfalt zu berichten, die wir Menschen zu verantworten haben, weil wir zahllose Spezies ausrotten.

Die Geschöpfe, mit denen wir uns diese Erde teilen, sind für sich genommen durchaus interessante Studien- und Beobachtungsobjekte. Aber darüber hinaus sagen sie *uns* auch, wer *wir* sind und woher *wir* kommen. Das möchte ich an einem Beispiel erläutern. Es war zunächst einmal simple Neugier, die mich dazu brachte, über Intelligenz bei Tieren zu schreiben. Ich hatte 1970 von den Experimenten gehört, Schimpansen das Sprechen beizubringen, und ich dachte: «Großer Gott, ist Sprache nicht gerade die Fähigkeit, die den Menschen von den Tieren unterscheidet? Was hieße es denn dann, wenn Tiere eine gewisse Fähigkeit besäßen, die menschliche Sprache zu benutzen?» Ja, was hieße es?

Nach einem journalistischen Abstecher in Vietnam im Jahre 1971 kam ich dazu, mich genauer mit dieser Frage zu beschäftigen. Im Laufe der Jahre habe ich dann zwei Bücher geschrieben – *Die Kolonie der sprechenden Schimpansen* und *Silent Partners* («Stumme Partner») –, bei einem weiteren als Koautor mitgewirkt und verschiedene Artikel über unterschiedliche Aspekte der Primatenforschung und der sie begleitenden Kontroversen in diversen Zeitschriften veröffentlicht (darunter *Time*, *National Geographic*, *New York Times Magazine* und *Atlantic Monthly*). Und während der Arbeit an meinen Veröffentlichungen lernte ich etwas über Sprache, etwas über Tiere und sehr viel über das Wesen der Wissenschaft – und der Wissenschaftler.

Intelligenz bei Tieren interessiert mich immer noch genauso sehr wie eh und je. Ich glaube immer noch – und jetzt sollte der hypothetische Psychiater aufmerken –, dass die Tiere uns mitteilen können, wer wir sind und woher wir unsere Fähigkeiten haben. Aber mich drängt nicht mehr der Wunsch, ein weiteres Buch über die Erforschung von sprachlicher Verständigung und Intelligenz bei Tieren zu schreiben.

Vielmehr glaube ich, einen interessanteren, wenn auch unwissenschaftlichen Weg gefunden zu haben, um diese Fragen zu behandeln. Diejenigen Leser, die mit den Problemen, die so schwer auf der Frage der Intelligenz bei Tieren lasten, nichts im Sinn haben, sollten jetzt bis zur Einleitung weiterblättern, denn die Geschichten und Anekdoten in diesem Buch sind zwar erhellend, aber doch vor allem unterhaltend. Hier sollte nur weiterlesen, wer neugierig ist zu erfahren, warum ich mich in diesem Buch für meine spezielle Darstellungsweise entschieden habe. (Jawohl! Ich habe eine neue Möglichkeit entdeckt, über Tiere zu schreiben!)

Zunächst sind jedoch einige warnende Worte über die Drachen und Seeungeheuer angebracht, die stets am Horizont auftauchen, wenn jemand Segel setzt zu einer Erkundungsfahrt der tierischen Intelligenz. Die scheinbar einfache Frage, ob Affen oder andere Tiere eine Sprache erlernen können, berührt den Kern unserer Vorstellungen von der menschlichen Natur und des von uns beanspruchten besonderen Platzes in der natürlichen Ordnung. Die Diskussion darüber erweckt Emotionen und verführt zu einer Schärfe wie wenige andere Fragen der Wissenschaft. Auf einem Symposium über Bewusstsein bei Tieren im Jahre 1999 anlässlich der Tagung der Gesellschaft für integrierte und vergleichende Biologie in Denver, Colorado, beschrieb Harriet Ritvo, eine am Massachusetts Institute of Technology (MIT) tätige Wissenschaftshistorikerin, das Thema des Bewusstseins bei Tieren als «streitträchtig»; sie meinte damit, dass es sich um ein Thema handele, über das nicht ohne Bezugnahme auf eine Weltanschauung gestritten werden könne. Das ist eine treffende Charakterisierung der Debatte über die Sprache bei Tieren.

In den dreißig Jahren, in denen der Schimpanse Washoe – der

Erste seiner Art, dem man die Zeichensprache beibrachte – vom Kind zum Greis wurde und eine neue Generation von Verhaltensforschern auf den Plan trat, hat die Debatte darüber, ob Tiere sich einige Aspekte der menschlichen Sprache aneignen können oder nicht, Fortschritte höchstens auf einer gewissermaßen geologischen Zeitskala gemacht. Das ist kein Ruhmesblatt für die Verhaltensforschung. In der gleichen Zeit ist die Genetik von ihren ersten unbeholfenen Versuchen, die Bausteine des Lebens zusammenzusetzen, dazu übergegangen, Klone von Säugetieren herzustellen, haben die ehemals langsamen und unerschwinglich teuren Rechenmaschinen namens Computer unser Wissen vervielfacht und jeden Aspekt unseres Lebens durchdrungen und hat die vergleichende Erforschung anderer höherer geistiger Fähigkeiten der Tiere gewaltige Fortschritte gemacht. Es hat sich als einfacher erwiesen, den Kalten Krieg zu beenden und den Kommunismus zu besiegen, als unter Wissenschaftlern eine Einigung darüber zu erzielen, was ein Tier meint, wenn es sich der menschlichen Sprache bedient.

Es besteht inzwischen weit verbreitete Übereinstimmung darüber, dass Affen und einige andere höher entwickelte Säugetiere Wörter auf semantisch angemessene Weise verstehen und benutzen können. Aber wenn irgendein Wissenschaftler darüber hinausgeht und zu beweisen versucht, dass ein Tier einen komplexen Satz hervorgebracht oder auf einen solchen geantwortet hat, dann steht ihm der Tod durch tausend Nadelstiche bevor, wenn die Kritiker seine Methoden, seine Daten, seine Vorkehrungen gegen möglichen Betrug, seine methodische Strenge, seine Ehrlichkeit und manchmal anscheinend auch seinen Patriotismus in Frage stellen. Auf einer dem Thema gewidmeten Konferenz vor einigen Jahren kam es sogar zu finsteren Gerüchten über wissenschaftlichen Betrug, Gerüchte, die sofort zerstoben, als die bösen Zungen von Nicholas Wade (damals bei *Science*, inzwischen bei der *New York Times*) auf der Pressekonferenz nach dem Symposium aufgefordert wurden, ihre Vorwürfe zu konkretisieren.

Kurzum, obwohl in der Zwischenzeit eine große Anzahl von Studien erarbeitet wurden, sind wir einem Konsens darüber, ob sich die menschliche Sprache grundsätzlich oder nur graduell von den kommunikativen Fähigkeiten der Tiere unterscheidet, nicht viel näher als im Jahre 1968. Seit damals haben sich zahlreiche Wissenschaftler in der Hoffnung, den endlosen Debatten über die Sprache bei Tieren zu entgehen, auf die Erforschung der tierischen Wahrnehmung und des tierischen Bewusstseins verlegt. In diesem neuen Bereich hat es einigen wissenschaftlichen Fortschritt gegeben (auf den ich später zu sprechen kommen werde), aber auch hier fanden die Wissenschaftler sich in endlose «streitträchtige» Debatten darüber verwickelt, was sie unter Bewusstsein und Wahrnehmung verstehen. Der Philosoph Daniel Dennett brachte es auf den Punkt: «Die im Übrigen gradlinige Forschung wird von dem gewaltigen Problem überschattet, wie man über die Experimente reden soll.»

Das Problem ist, ob subjektive Erfahrungen objektiv diskutiert werden können. Auf dem Symposium von Denver beschrieb John Stadden, ein theoretischer Psychologe von der Duke University, auf prägnante Weise, warum methodisch strenge Verhaltensforscher die Erforschung des Bewusstseins für ein unwissenschaftliches Unternehmen halten. Da letztendlich alle Kenntnis von geistigen Ereignissen ihrer Natur nach privat beziehungsweise persönlich ist – so das Argument – und da die Wissenschaft es mit Gegebenheiten zu tun hat, die öffentlich beziehungsweise allgemein sind, kann die Erforschung innerer geistiger Zustände kein angemessener Gegenstand der Wissenschaft sein. Diese Position ist zwar von einer gewissen Schlüssigkeit in sich, läuft aber darauf hinaus, dass einer der wichtigsten Aspekte der menschlichen Natur dem Wissen nicht zugänglich sei. Wie Donald Griffin, ein Pionier der Erforschung des Denkens bei Tieren, bemerkt hat: Wenn Bewusstsein für uns wichtig ist und wenn es Bewusstsein auch bei anderen Geschöpfen gibt, dann ist es wahrscheinlich auch wichtig für sie. Er meinte auch, dass die Erforschung der Natur schon schwierig genug sei und dass man sich nicht mit einer auf dem Rücken gefesselten Hand und einem in einem Eimer steckenden Fuß daranmachen sollte.

Tatsächlich gibt es einen Weg, die geistige Welt der Tiere einschließlich ihrer kommunikativen Fähigkeiten zu erforschen, ohne sich in diese teuflische Debatte zu verstricken. Sie ist unwissenschaftlich, und das bedeutet, dass man die Geschichten und Beispiele am Ende, ganz gleich wie überzeugend sie auch sein mögen, nicht verwenden kann, um irgendetwas zu beweisen. Ich vermute allerdings, dass viele Menschen damit durchaus leben können, weil ich ebenfalls vermute, dass es viele Menschen wie mich gibt, die Tiere sowohl in freier Wildbahn als auch in Gefangenschaft dabei beobachtet haben, wie sie Probleme lösen und ihren Verstand (jawohl, ihren Verstand!) einsetzen, um ihr Ziel zu erreichen. Ungeachtet der Debatten über ihre Fähigkeiten benutzen die Tiere die Fähigkeiten, die sie besitzen. Und was sie tun, ist interessant. Die Debatte darüber, was sie tun, war vielleicht ebenfalls einmal interessant, aber sie ist es gewiss nicht mehr.

Ich habe ganz einfach vor, mir Geschichten näher anzusehen, die davon handeln, auf welche Weise verschiedene Tiere auf die Menschen reagieren, und zwar nicht im Kontext wissenschaftlicher Studien, sondern in ihrem alltäglichen Leben. Den meisten Tierpflegern in zoologischen Gärten kommt es nicht darauf an, ob es einen kontinuierlichen Übergang zwischen tierischer Kommunikation und menschlicher Sprache gibt, und viele von ihnen sind nicht als Wissenschaftler ausgebildet. Aber ihnen ist es auch gar nicht wichtig, ob die klugen Köpfe der Linguistik und Verhaltensforschung ihnen bestätigen, dass manche Tiere komplexe Äußerungen verstehen können. Tatsächlich würde es viele von ihnen auch nicht stören, wenn tausend Verhaltensforscher zusammenkämen und zu einer definitiven Aussage darüber kämen, dass das, was ein Verstehen zu sein scheint, in Wirklichkeit nicht mehr ist als die Reaktion des Tieres auf verschiedene nichtverbale Hinweise, die sie von den Pflegern erhalten, wenn diese mit ihren Schützlingen reden. Wenn man einem Tier sagt, es solle um die Ecke gehen und dort auf einen warten, und darauf die gewünschte Reaktion erfolgt, dann wird der Tierpfleger sich weiterhin dieses verbalen Kommandos bedienen, weil es in diesem Fall der einfachste Weg ist, sein Ziel zu erreichen.

Trotz der endlosen Wiederholungen der Debatte über die

sprachlichen Fähigkeiten der Tiere waren diese Dekaden der Kritik an verschiedenen Experimenten in mancher Hinsicht nützlich. Zum einen haben die Kritiker jede denkbare Möglichkeit untersucht, wie eine einfache Reaktion auf Körpersprache mit einer höheren geistigen Fähigkeit verwechselt werden könnte. Und in der Tat ist der Skeptizismus der Kritiker bis zu einem gewissen Punkt gerechtfertigt. Das zeigt schon der Fall des Klugen Hans.

Anfang des zwanzigsten Jahrhunderts blendete dieses Pferd in Europa ganze Menschenmengen mit seiner scheinbaren Fähigkeit, auf das Kommando seines Herrn einfache Rechenaufgaben zu lösen. Sein Besitzer fragte zum Beispiel: «Wie viel ist zwei und drei?», und das Pferd begann daraufhin mit dem Huf auf den Boden zu schlagen und hielt mit unbeirrbarer Genauigkeit inne, sobald die richtige Zahl erreicht war. Ein neugierig gewordener niederländischer Psychologe namens Oskar Pfungst überredete Hans' Besitzer zu einem Experiment, bei welchem das Pferd seine Aufgaben mit verbundenen Augen lösen musste. Unglücklicherweise verwandelte sich der Kluge Hans aber in einen Dummkopf, wenn er seinen Trainer nicht mehr sah. Es stellte sich heraus, dass der Kluge Hans, statt zu zählen, seinen Trainer genau beobachtet hatte, der sich sichtbar entspannte, wenn das Pferd die richtige Zahl erreicht hatte. Was für den Besitzer und alle Beobachter wie die Lösung einer Rechenaufgabe aussah, war nur die natürliche Empfänglichkeit und Beobachtungsgabe eines großen Beutetiers für die Körpersprache der Schlüsselfigur seines Lebens.

Jüngeren Datums ist ein kleines Experiment, mit dem Richard Byrne, ein britischer Psychologe, die scheinbar geisterhafte Verständigkeit untersuchte, die zwischen Menschen, Border Collies und den von ihnen behüteten Schafen besteht. Bei einem Besuch des Kleinen Rann von Kutch in Gujurat in Indien brachte Byrne einige Zeit mit einer Schafherde zu und beobachtete die Interaktionen zwischen den Schäfern, den Schafen und ihren Hütehunden. Wie er feststellte, spielten die Hunde zwar eine bestimmte Rolle in der Herde, waren aber hauptsächlich auf Bedrohungen von außen orientiert. Er bemerkte auch, dass die Schäfer die Schafe mit den gleichen

Pfeiftönen bewegten und behüteten, die als Kommandos für die Hunde verwendet wurden. Es stellte sich heraus, dass nicht nur die Hunde, sondern auch die Schafe selbst verstanden, welche Kommandos die Schäfer auf diese Weise gaben, und dass die Schafe selbst auf die Menschen reagierten. (Als anekdotisches Beiwerk führt Byrne noch an, dass in Neuseeland Schafe verschiedener Rassen es lernen können, sich zu dem passenden Schild zu stellen, auf denen in Englisch der Name ihrer Rasse steht, wodurch einige Beobachter zu dem Schluss verleitet werden, dass diese Schafe lesen können.)

Solch skeptische Geschichten sind nützlich, wenn es darum geht, eine besonders überzeugende Anekdote auf ihren eigentlichen Wahrheitsgehalt zu überprüfen, denn nur allzu leicht lässt man sich von der geistigen Beweglichkeit eines Tieres beeindrucken, das nur wenig mehr tut, als die Körpersprache seines Besitzers genau und aufmerksam zu lesen. Andererseits war Hans zwar nicht intelligent genug, um Additionsaufgaben zu bewältigen, aber immerhin so klug, einen Weg zu finden, seinem Besitzer die Antworten zu geben, die ihm eine Belohnung einbrachten.

Den wackeren Seelen, die sich weiter der vergleichenden Erforschung der Sprache und Intelligenz gewidmet haben, verdanken wir eine unglaubliche Menge von Daten über verschiedene Aspekte höherer geistiger Fähigkeiten, mit deren Hilfe wir die Geschichten in den folgenden Kapiteln in den jeweils passenden Kontext einordnen können. Louis Herman von der University of Hawaii hat gezeigt, dass Delphine korrekt auf Änderungen der Wortreihenfolge reagieren; das legt nahe, dass die Delphine verstehen, wie die Stellung der Wörter im Satz dessen Bedeutung ändern und sogar in sein Gegenteil verkehren kann. Sue Savage-Rumbaugh hat ähnliche Beobachtungen an Bonobos (Zwergschimpansen) in Atlanta angestellt, und Ron Schusterman hat sich mit diesem Aspekt der Sprache bei Seelöwen und sogar See-Elefanten am Long Marine Laboratory in Santa Cruz beschäftigt.

Andere Wissenschaftler haben verschiedene Formen des Betrugs analysiert und zu entscheiden versucht, ob Tiere sich der geistigen Verfassung eines anderen Geschöpfes bewusst sein können oder nicht (was ein Hinweis auf Selbstbewusstsein bei diesen Tieren wäre). All diese Arbeiten helfen uns bei der Einschätzung, wie viel Glaubwürdigkeit wir einigen der folgenden Geschichten zubilligen wollen, und im Verlaufe dieses Buches werde ich mich noch auf verschiedene andere Experimente beziehen, die dazu beitragen können, eine Anekdote in ihrem Kontext richtig zu verstehen.

Aber vor allem ist dies ein Buch der Geschichten und nicht der Forschungsarbeiten über tierische Intelligenz. Und ich hoffe, Sie werden sie genießen.

# Einleitung

Max und Patty sind zwei der Elefanten im Bronx Zoo in New York. Um ihnen ihr tägliches Einerlei abwechslungsreicher zu gestalten, haben Chris Wilgenkamp und die anderen Tierpfleger eine Reihe von Spielen für sie ausgedacht. Eines davon ist eine Art Versteckspiel für Dickhäuter. Die Menschen verstecken irgendein Lieblingsspielzeug der Elefanten, wie zum Beispiel ein Tamburin oder einen Reifen, und die Elefanten sollen es dann mit Hilfe ihres Geruchssinns aufspüren. Wenn es für die gewaltigen Tiere «wärmer» wird, bläst Chris auf einer Pfeife; wenn es «kälter» wird, tut Chris gar nichts. Er glaubt, dass die Elefanten das Spiel lieben, vor allem die Hinweise mit der Pfeife. «Sie werden ganz aufgeregt, wenn sie dem Versteck näher kommen», berichtet er, «und wenn sie finden, was wir versteckt haben, schlagen sie mit den Ohren.» Solche Spiele halten die Elefanten nicht nur aktiv; sie verschaffen den Pflegern auch eine Möglichkeit, ihren Tieren Medikamente und Vitamine zu verabreichen, die man in die ihnen anschließend gereichte Belohnung gemischt hat.

Alles in allem ist dieser kleine Ausschnitt des Zoolebens ein schönes Beispiel dafür, wie Menschen das Leben gefangener Tiere bereichern und sich dabei gleichzeitig um Belange der Gesundheit und Ernährung kümmern können. Wenn wir es aber bei dieser Feststellung beließen, hätten wir etwas übergangen, das sich ebenfalls im Elefantengehege abspielt. Die Tierpfleger sind nämlich nicht die Einzigen, die sich Möglichkeiten ausdenken, um das Zooleben interessanter zu machen: Die Elefanten entwickeln auch ihre eigenen Spiele.

Um die Elefanten aus dem Freigehege zurück in die Nachtkäfige zu locken, legen die Pfleger ihnen Leckerhäppchen in diese Käfige. Sind die Elefanten in ihre Käfige gegangen, verschließen die Pfleger deren Zugänge für die Nacht. Max und Patty scheinen aber herausbekommen zu haben, dass die Pfleger nur zuschließen, wenn beide Elefanten im Käfig sind, und das nutzen sie aus: Wenn die Pfleger die verlockenden Betthupferl auslegen, geht erst einer der beiden Elefanten hinein, während der andere direkt vor dem Käfig wartet. Dann kommt der erste Elefant wieder heraus, und der andere geht hinein und holt sich seinen Anteil.

Ihre Motivation scheint recht simpel zu sein – das Spiel verschafft ihnen die Gelegenheit, ihren Aufenthalt außerhalb des Käfigs zu verlängern und vielleicht ihren Pflegern einen langen Rüssel zu zeigen. Geht man der Sache weiter nach, dann ist eine Voraussetzung für dieses Spiel das Vertrauen des zunächst draußen wartenden Elefanten darauf, dass der andere nicht den eigenen Leckerbissen mitverzehrt. Was also geht hier vor? Kommunizieren die Tiere miteinander, planen sie oder sind sie durch blindes Ausprobieren zu dieser leicht ersichtlichen Strategie gelangt? Merken Sie sich Ihre eigene Interpretation dieses kleinen Spiels; wir werden später darauf zurückkommen.

In unserem täglichen Leben begegnen wir Tieren ständig und überall. Diese Begegnungen sind allerdings gewöhnlich so alltäglich (zumindest für uns), dass wir uns keine weiteren Gedanken darüber machen. Wir halten vielleicht kurz inne und schmunzeln einen Augenblick, wenn wir von einem Haustier hören, das so etwas «Kluges» beherrscht wie das Spülen einer Toilette, oder wenn wir eine Fernsehsendung über einen Elefanten sehen, der gerne malt – dennoch verschwenden wir kaum einen Gedanken daran, was im Kopf eines Tieres vorgeht, wenn es mit uns Menschen zu tun hat, falls denn überhaupt etwas in seinem Kopf vorgeht. Und wir vergessen allzu leicht, dass alle anderen Kreaturen auf der Erde genau wie wir mit ihrem jeweils eigenen Überlebenskampf beschäftigt sind und dass für sehr viele Tiere ein großer Teil des Lebens darin besteht, herauszubekommen, wie sie es mit der dominanten Spezies auf der Erde halten sollen: dem Menschen.

Natürlich gibt es auch Menschen, die gar nicht anders können, als sich des eigenständigen Lebens der Tiere bewusst zu sein. Dies sind die Tiermediziner, die Forscher und Tierpfleger, die jeden Tag mit Tieren zu tun haben, also Leute wie Chris Wilgenkamp. Einige davon sind Naturwissenschaftler, andere engagierte Amateure. Die meisten beschäftigen sich nicht mit der Erforschung tierischer Intelligenz, sondern erleben diese Intelligenz – und ihr Fehlen – jeden Tag. Wenn einige dieser Leute zusammenkommen, dreht sich das Gespräch nach einiger Zeit unweigerlich darum, wie ihre Schützlinge mehr oder weniger erfolgreich versuchen, die für ihr Leben wichtigen Menschen auszutricksen und zu betrügen oder auf andere Weise in Erstaunen zu versetzen.

Solcherlei Geschichten bilden den Grundstock dieses Buches. Es sind Geschichten über die Versuche der Tiere, ihre Wärter oder ihre Artgenossen zu betrügen oder zu manipulieren, Geschichten über Spiele, Geschichten von gegenseitiger Verständigung und Vertrauen über die weite Kluft hinweg, die verschiedene Spezies trennt, Geschichten von tierischem Heldenmut und vor allen Dingen, wenn die Wärter erst einmal ein paar Drinks hinter sich hatten, Geschichten darüber, wie Tiere entkommen sind.

So war es auch auf dem jährlichen Treffen der American Zoo and Aquarium Association in Tulsa, Oklahoma, im Jahr 1998. An einen Tisch in der Bar des Kongresszentrums Doubletree Inn saßen Tierpfleger aus Disney's Animal Kingdom in Florida und aus dem ZooAtlanta, und andere Tierpfleger aus einer Reihe weiterer Zoos fanden sich nach und nach ein. Fast alle am Tisch rauchten. In ihrem Auftreten erinnerten mich die Tierpfleger an Polizisten: Auch sie haben einen stressigen und manchmal gefährlichen Beruf, der ihnen viel abverlangt, und sie fühlen sich wohler, wenn sie unter sich sind und bleiben. Aber mit der Zeit entspannten sie sich und beschlossen schließlich, dass es in Ordnung sei, mich einige ihrer Geschichten hören zu lassen. Als sich das Gespräch dann dem Thema erfolgreicher Fluchtversuche von Zootieren zuwandte, meinte Charlene Jendry, eine lang gediente Gorillapflegerin im Zoo von Columbus: «Erzählt ihm von dem

Draht.» Allgemeines Gelächter und Kopfnicken: «O ja, Fu Manchu.»

Fu Manchu war ein Orang-Utan-Männchen, das in verschiedenen Zoos gelebt hatte. Seine bemerkenswerteste Flucht gelang ihm vor über dreißig Jahren im Zoo von Omaha, Nebraska. Nicht nur einmal, sondern zweimal fanden die Tierpfleger sowohl Fu Manchu als auch einen weiblichen Orang-Utan und ihre drei gemeinsamen Sprösslinge hoch in den Bäumen außerhalb des Freigeheges. Beide Male öffneten die Pfleger die Türen des Freigeheges, lockten die Familie wieder hinein und unterzogen alle Schlösser einer sorgfältigen Untersuchung. Ein paar Tage später fanden sie Fu Manchu mitsamt seiner Familie auf dem Dach des Affenhauses vor, wo er die Morgensonne genoss.

Die Tierpfleger konnten das Geheimnis erst lüften, nachdem sie Wachen aufgestellt hatten. Eines schönen warmen Sommerabends, als man die Orang-Utans ins Freigehege gelassen hatte, setzte sich Fu Manchu in Richtung Graben in Bewegung. In der Ummauerung des Grabens war eine Tür, die in den Heizkeller führte. Auf der anderen Seite dieses Kellers führte eine Treppe zu einer weiteren Tür, hinter der die Freiheit lag. Unter Einsatz seiner gewaltigen Kräfte (Tierpfleger haben schon beobachtet, wie Orang-Utans Stahlgürtelreifen spielerisch zu Brezeln gedreht haben) zog Fu Manchu die Tür ein Stück aus dem Rahmen. Dann fingerte er ein Stück Draht aus einer seiner Backen und machte sich am Schnappriegel des Schlosses zu schaffen – so, wie ein Einbrecher es vielleicht mit einer Kreditkarte versucht hätte.

Nachdem die Pfleger ihm den Draht weggenommen hatten, gehörten Fu Manchus Ausbrüche der Vergangenheit an. Aber viele seiner Nachfolger haben diese spezielle Orang-Utan-Tradition fortgesetzt. In der Zoowelt sind die Orang-Utans für ihre Fluchtversuche berühmt. Sie sind nicht nur die bei weitem einfallreichsten Ausbruchskünstler, sondern ihr Geschick im Umgang mit menschlichem Werkzeug ist auch eine Quelle ständiger Bewunderung der Menschen, die mit ihnen zu tun haben. Die Tierpfleger zitieren gerne eine Bemerkung von Ben Beck, dem Zoologen und Mitinitiator von Think Tank, einem ehrgeizigen Programm zur Erforschung der geistigen Fähigkeiten der Orang-Utans im Nationalzoo in Washington. Er meinte einmal, wenn man einem Schimpansen einen Schraubenzieher gebe, werde dieser versuchen, das Werkzeug für alles zu benutzen außer dem ihm eigentlich zugedachten Zweck. Gäbe man ihn einem Gorilla, so werde dieser zunächst entsetzt zurückschrecken – «O mein Gott, das Ding wird mich verletzen» –, dann versuchen, ihn zu essen, und ihn schließlich vergessen. Gäbe man den Schraubenzieher aber einem Orang-Utan, werde der Affe ihn zunächst einmal verstecken und ihn dann, wenn man sich entfernt habe, dazu benutzen, seinen Käfig auseinander zu bauen.

Um keinen Missverständnissen Vorschub zu leisten: Andere Affen und eine große Zahl anderer Zootiere versuchen ebenfalls – manchmal durchaus erfolgreich – zu fliehen (einige dieser Versuche werde ich später beschreiben). Aber den Orang-Utans kommt keines von ihnen in der Häufigkeit und dem Einfallsreichtum ihrer Versuche gleich. Die Planer eines Zoos ergreifen jede Art von Vorsichtsmaßnahme, wenn es darum geht, vorauszusehen, wann und wie ein Orang-Utan die ihm gesetzten Schranken durchbrechen wird. Sie verpflichten Klettersportler, die feststellen sollen, ob es irgendwo verborgenen Halt für Hände oder Füße gibt, den sie vielleicht bei der Gestaltung des Freigeheges nicht bedacht haben. Sie verlegen Strom führende Drähte über die Mauerkronen. Nichtsdestotrotz nahm in einem texanischen Zoo ein Orang-Utan büschelweise Gras in die Hand, um sich so einen stromisolierenden Handschuh zu verschaffen, und stieg mit dessen Hilfe über den elektrischen Draht, ohne dabei zu Schaden zu kommen.

Natürlich könnten die Menschen leicht Käfige entwerfen, aus denen kein Entkommen denkbar wäre, aber darum geht es ja bei einem Zoo nicht, vor allem nicht, seit sich der Trend durchgesetzt hat, so natürliche Gehege wie nur möglich zu schaffen, ohne dabei das Wohlergehen der Tiere oder des Publikums zu gefährden. Und so sind die Tierpfleger und die Orang-Utans in dem Menschenaffenäquivalent eines endlosen Rüstungswettlaufs gefangen, in dessen Verlauf die Zooplaner sich immer wieder Gehege ausdenken, die natürlich wirken und dennoch die Tiere sicher gefangen halten sollen, während die Orang-Utans jede Schwäche, die den Planern und Erbauern ihrer Gehege entgangen sein könnte, auszunützen suchen.

Es gibt allerdings einen großen Unterschied zwischen den wagemutigen menschlichen Gefangenen, die ihrer Einkerkerung entflohen sind, und ihren Leidensgenossen, den Orang-Utans: die Motivation. Sowohl die Affen als auch die Menschen mögen das Gefühl haben, dass sie zu Unrecht gefangen gehalten werden, aber viele Tierpfleger glauben, dass es mehrere komplexe Motive sind, die Orang-Utans dazu treiben, ihre Wärter ständig neu herauszufordern, Motive, die vom einfachen Wunsch reichen, die Menschen, die ihr Leben kontrollieren, zu überlisten und ihnen gegenüber den Spieß einmal umzudrehen, bis hin zur Neugier auf die merkwürdige Welt außerhalb der Mauern und Gräben, die sie einsperren. (Entflohene Affen bleiben meistens in der Nähe, statt über alle Berge zu gehen. Orang-Utans und Gorillas erkunden vielleicht das Gelände oder nehmen – wie im Nationalzoo in Washington geschehen – einem entsetzten Touristen ein Stück gebratenes Hähnchen aus der Hand und verzehren es.)

Wenn sie erst einmal draußen sind, fürchten sich die meisten dieser Flüchtlinge, wenn es sich nicht um von Menschenhand aufgezogene Tiere handelt. Denn sei es, wie es sei, im Zoo gibt es immerhin drei Mahlzeiten pro Tag, Gesellschaft und Sicherheit. Die meisten entkommenen Tiere haben die Fähigkeiten, die zum Überleben in Freiheit notwendig sind, gar nicht erlernt und eingeübt. Und selbst wenn sie irgendwie zurechtkämen, würden sie sich in den meisten Fällen an Orten wiederfinden, in denen Klima und Umgebung ganz anders sind als in ihrer Heimat. Auf einer gewissen Ebene wissen die meisten gefangenen Tiere, dass der Zoo der Ort ist, an dem sie leben müssen.

Das hat sich bei vielen Gelegenheiten sehr deutlich gezeigt. Als in den sechziger Jahren ein Sturm das große Netz über dem gewaltigen Vogelhaus der New York Zoological Society zerstörte, versetzten die Pfleger die noch verbliebenen Vögel in andere Volieren und ließen das Netz offen. Wie William Conway, der Präsident der Gesellschaft, berichtete, kehrten fünfundsiebzig Prozent der entkommenen Vögel innerhalb von zwei Tagen zurück. Auch die aus einem 1995 durch einen anderen Sturm zerstörten Vogelhaus entkommenen Vögel blieben in der Nähe, konnten aber nicht in das Haus zurückkehren, weil es in sich zusammengestürzt war.

Der Fall des Orang-Utans, der plötzlich beim Verzehr von Brathähnchen entdeckt wurde, zeigt auf schöne Weise die komplexen, den Ausbruchsversuchen zugrunde liegenden Motive. Rob Shumaker, der zusammen mit Ben Beck an der Planung von Think Tank im Nationalzoo von Washington beteiligt war und dieses Programm inzwischen koordiniert, erzählte, wie ein neuer Pfleger irrtümlich einige große grüne Tonnen im Freigehege der Tiere stehen ließ. Rob hatte keine Ahnung, dass irgendetwas faul war, bis sich endlich auch zu ihm herumgesprochen hatte, dass Bonnie, eins der Orang-Utan-Weibchen, nicht weit von einem der Verkaufsstände entfernt gesehen worden sei. Sie habe Brathähnchen gegessen und Orangensaft getrunken. Als Rob den Ausbruch zu rekonstruieren versuchte, stellte sich heraus, dass sie einfach die Tonnen aufeinander gestapelt hatte und hinausgeklettert war – zusammen mit weiteren Orang-Utans, die ebenfalls Lust auf ein kleines Abenteuer hatten. Das Hähnchen und der Saft kamen aus einer Kühlbox, die sie einem erschrockenen Besucher abgenommen hatte.

Später, nachdem die Tiere alle sicher zurück in ihr Gehege gebracht worden waren, fragte einer der Besucher Rob: «Haben Sie sie alle wieder hineinbekommen?» Aber Rob, ein wenig beunruhigt darüber, dass die Orang-Utans eine ganze Weile draußen gewesen waren, bevor ihn irgendjemand davon unterrichtete, war nicht in der Stimmung für eine flapsige Unterhaltung. «Haben Sie sie draußen gesehen?», fragte er kurz angebunden.

«Ja», antwortete der Mann, leicht bestürzt wegen Robs Ton.

«Sind Sie nicht auf die Idee gekommen, irgendjemandem Bescheid zu sagen?», fragte Rob weiter.

«Nein», antwortete der Besucher. «Wir dachten, es sei nichts

Ungewöhnliches, weil sie ja schon den ganzen Vormittag rein- und rausgingen.»

Ganz eindeutig war es den Orang-Utans bei dieser Flucht nicht darum zu tun, zurück nach Indonesien zu gelangen. Und auf jede Geschichte einer Flucht kommen viele Geschichten von Tieren, die lieber in ihren Käfigen bleiben, wie trostlos diese auch sein mögen. Vor einigen Jahren erlebte ich im Kongo etwas, das die einander widersprechenden Gefühle, die sich für mich mit der Gefangenschaft von Tieren verbinden, in prägnanter Weise illustrierte. Ich besuchte den Zoo Pointe-Noire, ein verfallenes Relikt der Kolonialzeit mit altertümlichen Käfigen. Unter den wenigen Tieren, die dort noch lebten, war eine kleine Kolonie von Schimpansen. Einer davon, ein altes Weibchen mit dem zutreffenden Namen La Vieille, lebte in einem kleinen Betonkäfig mit einem Gatter aus Eisenstäben als Frontseite. Es war schwer vorstellbar, wie das arme Tier auch nur einige Monate lang in diesem Käfig existieren konnte, geschweige denn die vielen Jahre, die es schon darin verbracht hatte.

Viel schwerer auszuloten war jedoch, warum die Schimpansin überhaupt in ihrem Käfig blieb. Der Riegel des Gatters war schon vor Jahren zerbrochen, und das Gatter schwang in seinen rostigen Angeln frei hin und her. Das alte Weibchen hätte den Käfig jederzeit verlassen können, aber sie tat es nicht, sondern zog offensichtlich die trostlose Sicherheit ihres Heims den Schrecken der Außenwelt vor.

Flucht ist eine der vielen Möglichkeiten, wie ein Tier auf Gefangenschaft reagieren und ein gewisses Maß an Klugheit zeigen kann. Am anderen Ende des Spektrums stehen Geschichten, die das außerordentliche Ausmaß von Vertrauen dokumentieren, das die Tiere trotz aller Unannehmlichkeiten und Einschränkungen der Gefangenschaft ihren menschlichen Meistern entgegenbringen. Natürlich gibt es unter den Tierpflegern der Zoos wie in jedem anderen Beruf auch einige dumme und sogar niederträchtige Menschen, aber die große Mehrheit hat sich aus Liebe zu den Tieren für ihren Beruf entschieden. Alle Tierpfleger, mit denen ich mich unterhalten habe, sprachen von ihren Schützlingen in gewisser Weise, wie Eltern über ihre Kinder reden, mit ein wenig Erheiterung über deren Streiche und Schwächen und mit echtem Stolz auf deren Glanzleistungen. Gelegentlich werden unter Tierpflegern nicht nur Geschichten über Missgeschicke, sondern auch Geschichten über Einsicht, Vertrauen und Verständnis ausgetauscht.

Charlene Jendry zum Beispiel erzählt von einem außerordentlichen Erlebnis mit einer Gorilladame namens Brigette im Zoo von Columbus. 1986 brachte Brigette Fossey zur Welt, das erste Gorillababy, das von seiner Mutter in einem Zoo großgezogen wurde (benannt nach Dian Fossey, der überlebensgroßen Gestalt, die in Karisoke in Ruanda ermordet wurde, in eben der Feldforschungsstation, die sie zur Erforschung der Berggorillas aufgebaut hatte). Eines Tages kam Charlene am Käfig vorbei und bemerkte, dass Fossey recht nachlässig gestillt wurde. Ohne lange zu überlegen, sagte sie zu Brigette: «Das Kind hat das ganze Gesicht voller Milch. Bring es mir her, damit ich ihm das Gesicht abwischen kann.» Ohne zu zögern, brachte Brigette ihr das Baby und hielt dessen Gesicht direkt vor die Gitterstäbe, so dass Charlene es sauber wischen konnte.

Verstand Brigette, was Charlene sagte? Eine völlig unschuldige Frage – aber wie bereits im Vorwort festgestellt, ist die Frage, wie viel von der menschlichen Sprache die Tiere verstehen, ein heiß umstrittenes Thema der Verhaltensforschung. Die intensiven Diskussionen begannen vor mehr als drei Jahrzehnten, nachdem R. Allen und Beatrix Gardner als Erste einem Schimpansen namens Washoe beigebracht hatten, einige Zeichen der Taubstummensprache zu gebrauchen, und David Premack eine Schimpansin (Sarah) gelehrt hatte, Plastikabzeichen zur Verständigung zu verwenden. Was also hat diese Geschichte mit Brigette zu bedeuten?

Brigette war niemals dazu ausgebildet worden, Englisch zu verstehen. Brachte sie also das Baby aus eigenem Antrieb zur Tierpflegerin und hielt dessen Gesicht ans Gitter, damit es abgewischt wurde, ohne dass ein Bezug zu Charlenes Aufforderung bestand, oder verstand sie auf verschwommene Weise ein Bruchstück dessen, was Charlene gesagt hatte, zum Beispiel: «Bring es herüber», ein Ausdruck, der oft benutzt wird, wenn die Gorillas etwas ihnen Verbotenes in die Hände bekommen haben? Oder verstand sie sogar, dass Charlene meinte, das Baby habe ein verschmiertes Gesicht, und dass sie es ihm sauber machen würde, wenn Brigette es an das Gitter des Käfigs hielte?

Wenn dies das einzige Beispiel einer angemessenen Reaktion von Gorillas auf eine zufällige Bemerkung wäre, könnte man es auf sich beruhen lassen. Aber Charlene kann eine ganze Anzahl von Beispielen dafür anführen, dass die Gorillas ihre menschlichen Meister sehr genau beobachten. Sie erinnert sich etwa, dass Molly, ein zwölfjähriges Weibchen, eines Tages sehr krank war. Charlene und Adele Absi, eine andere Tierpflegerin, wollten versuchen, die Temperatur der Gorilladame mit einem Papierstreifenthermometer zu messen, das sie in einer Drogerie gekauft hatten. Charlene, die solche Streifen noch nie vorher benutzt hatte, probierte sie aus, indem sie sich selbst einen Streifen auf die Stirn klebte. Molly beobachtete sie dabei genau; sie stand mit dem rechten Fuß direkt am Maschendraht. Charlene und Adele beschlossen schließlich, den Streifen auf Mollys Fuß zu kleben und dort abzulesen, aber sie waren sich selbst nicht sicher, ob es so funktionieren würde. Das spielte schließlich auch keine Rolle. Ohne dazu aufgefordert zu sein, nahm Molly den Streifen vom Fuß und klebte sich ihn auf die Stirn. Als der Streifen dann die Temperatur anzeigte, baten Charlene und Adele Molly, den Streifen herzugeben, und Molly nahm sich das Papier von der Stirn und gab es den Tierpflegern. Es ist möglich, dass Molly etwas nachahmte, das sie Charlene hatte tun sehen, aber der gesamte Handlungsablauf legt nahe, dass sie in gewisser Weise verstand, dass der Streifen möglicherweise ihren Pflegern half, ihr zu helfen.

Nun, vielleicht ist Charlene Jendry unverlässlich, romantisch oder für Überinterpretationen anfällig. Falls dem so sein sollte, muss es sich um eine Massenhysterie unter den Tierpflegern des ganzen Landes handeln, denn ich wurde von Geschichten über Affen, die eine menschliche Unterhaltung mit anhören und angemessen auf komplexe Äußerungen reagieren, geradezu überschüttet. Als ich nachbohrte, stellte sich heraus, dass die meisten Tierpfleger es sich angewöhnt haben, in der Nähe von Gorillas, Schimpansen und

Orang-Utans ihre Worte sehr sorgfältig zu wählen, weil diese Tiere ständig zuhören. Im Woodland Park Zoo zum Beispiel benutzen die Tierpfleger Kodewörter, wenn sie über ein bestimmtes Orang-Utan-Weibchen reden, weil dieses Anfälle von Verfolgungswahn erleidet, sobald ihr Name erwähnt wird. Und Kyle Burks im Zoo von Atlanta pflegt Ivan, einem erwachsenen Gorillamännchen, zu sagen: «Geh um die Ecke und warte dort auf uns», so wie er es auch einem Freund sagen würde.

Ivan war ursprünglich von Menschen aufgezogen worden, hatte also seine prägenden Jahre in einer Umgebung verbracht, in der viel gesprochen wurde. Die meisten Tierpfleger werden bestätigen, dass ein Tier gesprochene Sprache umso besser zu verstehen scheint, je mehr Zeit es mit Menschen zubringt. Die Tierpfleger vom Zoo Atlanta haben bei ihren Orang-Utans eine unterschiedliche Sprachkompetenz des Englischen festgestellt. Allen und Hanti reagieren gelegentlich angemessen auf gesprochene englische Ausdrücke; möglicherweise werden sie durch die Situation, in der diese Ausdrücke benutzt werden, oder durch den Tonfall zu ihrer Reaktion bewegt. Chantek dagegen, ein anderer Orang-Utan, hat fünfzehn Jahre lang an einem von Lyn Miles an der University of Tennessee in Chattanooga durchgeführten, langfristigen Sprachexperiment teilgenommen. «Wenn wir Allen oder Hanti sagen: ‹Geh die Zeitung holen›, dann tauchen sie möglicherweise mit der Zeitung auf», sagt Laura Mayo, eine Tierpflegerin des Zoos. «Wenn wir aber Chantek die gleiche Anweisung erteilen, dann sucht er in seinem Käfig, bis er die Zeitung findet, und bringt sie uns.»

Bevor er zum Zoo Atlanta kam, verbrachte Chantek mehrere Jahre am Yerkes Regional Primate Center. Dort weigerten sich seine Pfleger – in der Hoffnung, ihm dadurch die Wiedereinbürgerung in die Orang-Utan-Gesellschaft zu erleichtern –, mit ihm in der amerikanischen Zeichensprache zu reden, der Sprache, die ihm vierzehn Jahre lang als primäres Verständigungsmittel mit den Menschen gedient hatte. Obwohl Chantek während der Jahre in Yerkes eine Anzahl von Zeichen vergaß, benutzt er viele Zeichen noch bis heute korrekt. Und seine neuen Pfleger, wie zum Beispiel

Laura Mayo, behaupten, dass sie nun die Zeichensprache von dem Orang-Utan lernen. Sie zeigen zum Beispiel auf eine Tomate und fragen Chantek nach dem Wort für Tomate, und er macht dann das dazugehörigen Zeichen.

Chantek hat sich sogar selbst Zeichen ausgedacht, um den Pflegern mitzuteilen, was er will. Wenn er meint, dass es Zeit für seine Mahlzeit ist, dann schaut er einen Pfleger an und tippt sich aufs Handgelenk, als trüge er dort eine Uhr – die universale Geste, jemandem anzudeuten, dass es langsam Zeit wird. Er mag es, wenn das Futter ihm auf den Boden seines Käfigs ausgebreitet wird, und sobald ein Pfleger mit einem Korb voller Speisen kommt, macht er eine Geste des Verteilens.

Was ein Mann schafft, schafft auch ein anderer, heißt es, und das Gleiche gilt auch für Affen und andere Tiere. Innerhalb jeder Art gibt es hellere Köpfe und taube Nüsse, aber wenn ein Tier zeigt, dass es einen Satz oder einen komplexen Vorschlag versteht, dann kann man darauf wetten, dass andere seiner Art des gleichen Verständnisses fähig sind.

Während also die Wissenschaftler darüber debattieren, ob Affen Sprache verstehen und Sprache benutzen können, gehen viele Tierpfleger davon aus, dass Affen verstehen, was sie sagen, und bauen sogar auf dieses Verständnis, um sich ihre Arbeit leichter zu machen. Im Bronx Zoo haben, so berichtet Chris Wilgenkamp, zwei Elefanten, Happy und Grumpy, einige englische Wörter wie zum Beispiel Tamburin (ein Lieblingsspielzeug) und Baum (ein anderes Spielzeug) erlernt. Und wenn er möchte, dass die Elefanten in einem der Spiele, die sie spielen, etwas holen, dann sagt er einfach: «Geh es suchen.»

Wenden wir uns nun wieder der eingangs angeführten Anekdote über das Spiel zu, das die beiden Elefanten im Bronx Zoo erfunden hatten, um ihre Zeit außerhalb des Käfigs zu verlängern. Es erweist sich, dass es viele weitere Beispiele von Tieren gibt, die ihre Reaktion auf Menschen auf eine Art und Weise koordinieren, die irgendeine Form von ausgeklügelter Verständigung zwischen den einzelnen Tieren nahe legt. Ich bin selbst Zeuge eines solchen Beispiels geworden, als ich Lou Herman am Kewalo Basin Marine Mammal Laboratory auf Hawaii besuchte. In diesem speziellen Fall stellte er die Fähigkeit der Delphine auf die Probe, auf ein menschliches Kommando hin zusammenzuarbeiten. Die an dem Experiment beteiligten Delphine waren Akeakemai und Phoenix, zwei Große Tümmler, die in einem Becken des Labors lebten. Einen gewissen Ausgleich für die relative Enge des Beckens schuf die beinahe ständige Aufmerksamkeit, die ihnen von Studenten und Freiwilligen zuteil wurde; sie wurden zu einer Vielfalt von anregenden Aktivitäten angehalten.

In unserem Fall nun standen zwei Ausbilder auf einer Plattform am Rand des Beckens. Mit hoch in die Luft erhobenem Finger lenkten sie die Aufmerksamkeit der Tümmler auf sich und gaben ihnen mit einer Serie von Gesten einen Befehl. Zuerst tippten sie zwei Finger einer Hand zusammen – eine Geste, die, so hatte man es den Delphinen beigebracht, «Tandem» bedeutete. Dann warfen sie die Arme weit ausgebreitet in die Luft, eine Geste, die «kreativ» bedeutet. Akeakemai und Phoenix hatten also den Befehl erhalten: «Tandem kreativ – macht zusammen etwas Kreatives.»

Die Delphine schwammen los und tauchten in dem zwei Meter tiefen Wasser unter. Dann kreisten sie im Becken, bis sie schließlich ihre Bewegungen synchronisierten. Und ebenfalls synchron sprangen sie aus dem Wasser und spien beide gleichzeitig einen Wasserstrahl aus, bevor sie wieder zurück ins Wasser tauchten.

Selbst in dieser wohl durchdachten Versuchsanordnung könnte ein Kritiker noch Fehler entdecken. Vielleicht folgt der eine Delphin in seinen Bewegungen lediglich sehr genau dem anderen. Aber wenn es sich so verhielte, woher weiß er dann, dass er vor dem Sprung etwas Wasser aufnehmen muss? Und die Delphine führen auch nicht jedes Mal das Gleiche auf, wenn sie von ihren Trainern um «Tandem kreativ» gebeten werden. Bei anderer Gelegenheit bewegen sie sich vielleicht steil aus dem Wasser aufgerichtet rückwärts und beenden die Vorführung mit einem Schlag ihrer Schwanzfluken oder zeigen synchrone Saltos rückwärts. Die Instruktoren wissen vorher nie, was die Delphine tun werden.

Wissenschaftler schätzen zu Recht die Regel, dass man sich, bis etwas anderes nachgewiesen wird, am besten an die einfachste adäquate Erklärung für eine Sache halten soll. 1894 formulierte ein Pionier unter den Psychologen, Lloyd Morgan, eine analoge Regel zum Verständnis geistiger Fähigkeiten, die seither Morgans Kanon genannt wird. Sie besagt, dass «wir in keinem Fall eine Handlung als das Ergebnis der Bemühungen höherer psychischer Fähigkeiten interpretieren dürfen, wenn es auch als das Ergebnis einer auf der psychologischen Skala tiefer stehenden Fähigkeit erklärt werden kann».

Im Falle des kreativen Tandems ist gewiss ein kompliziertes Nachahmungsmuster denkbar, aber dies ist sicherlich nicht die ökonomischste Erklärung. (Wenn man dieses Prinzip der wissenschaftlichen Sparsamkeit auf andere Weise anwenden will und wenn man das Bewusstsein als Produkt evolutionärer Kräfte auffasst, dann ist die vernünftigste Position die Annahme, dass dieses Bewusstsein oder seine Vorläufer auch bei vielen anderen Geschöpfen vorkommen.) Die einfachste Erklärung ist vielleicht, dass die Delphine auf das Kommando hören und sich untereinander verständigen, welche Übung sie vorführen wollen, und dies dann tun. Auf jeden Fall hat Hermans Arbeit dazu geführt, dass wir die Möglichkeit in Betracht ziehen können, dass andere hochgradig soziale Säugetiere wie Max und Patty, die Elefanten des Bronx Zoo, fähig sein könnten, als Reaktion auf ein menschliches Signal ihre Handlung zu planen und zu koordinieren. Wenn wir aber überlegen, wie diese Tiere ihre Reaktion aufeinander abstimmen, dürfen wir nicht vergessen, dass die bloße Möglichkeit, dass sie einander auf irgendeine Weise Tipps geben, durchaus kein Garant dafür ist, dass sie das tatsächlich tun.

Eine andere Art notwendigen Hinterfragens hat mit der kognitiven Grundausstattung der Tiere selbst zu tun. Affen, Delphine, Elefanten und Papageien leben in komplexen und in sich beweglichen sozialen Gruppen – eine Lebensweise, die zur Entwicklung von Fähigkeiten führen kann, die diesen Tieren auch im Umgang mit Menschen von Nutzen sind. Je größer das Gehirn, desto besser ist das Tier zu einer geistigen Glanzleistung wie etwa einem einfallsreichen Betrug gerüstet – vielleicht, weil die Fähigkeit, einen kunstvollen Betrug durchzuführen, den eigenen Status in einer großen sozialen Gruppe verbessern kann und damit auch die eigenen Aussichten auf Fortpflanzungserfolge. Unter Umständen mag das auch der Grund für die entwicklungsgeschichtliche Zunahme des Gehirnvolumens bei Affen und Menschen und einigen anderen hochsozialen Säugetieren gewesen sein. Auf jeden Fall sind Geschichten über diese «klügeren» Tiere in diesem Buch überproportional häufig vertreten.

Aber ich habe auch gelernt, offen zu bleiben. Vor einigen Jahren erzählte Donald Griffin mir eine Geschichte über eine Fehlkommunikation unter Bienen, die nahe legt, dass es möglicherweise selbst Insekten merken, wenn man sie zum Narren hält. Wie zuerst 1946 von Karl von Frisch beschrieben, kehrt eine Biene, wenn sie eine gute Pollenquelle gefunden hat, zum Stock zurück und führt einen Schwänzeltanz auf, durch den sie die Lage und den Umfang der entdeckten Reichtümer bekannt macht. In dem hier interessierenden Experiment, das von dem Verhaltensforscher James Gould am Carnegie Lake in Princeton, New Jersey, durchgeführt wurde, brachte der Wissenschaftler einige Blumen und Bienen in einem Ruderboot mitten auf den See, während der Rest des Schwarms an einer Fütterungsanlage am Ufer verblieb. Nachdem sie freigelassen waren, kehrten die Pioniere zum Stock zurück und führten dort ihren Tanz auf, mit dem sie den anderen Bienen mitteilten, in welcher Richtung sie die Blumen zu suchen hatten. Aber augenscheinlich reagierten die Bienen, die auf trockenem Land verblieben waren, mit Ungläubigkeit auf den ihnen durch den Bienentanz vermittelten Vorschlag, sich zu einer Pollenquelle mitten auf dem See zu begeben; an dem Ruderboot tauchte kaum eine Biene auf. Andererseits erschienen zahlreiche Bienen, wenn das Boot bei dem Experiment nicht weit auf den See hinausgerudert worden war, sondern in der Nähe des Ufers verblieb.

Als ich zum ersten Mal mit Griffin über diese Geschichte sprach, sah er darin nicht viel mehr als eine amüsante Anekdote. In den seither verstrichenen Jahren ist seine Position allerdings radikaler geworden. Er vertritt inzwischen die Auffassung, dass selbst Tiere mit sehr kleinem Gehirn über Spuren von Bewusstsein verfügen könnten. In praktischer Hinsicht, so argumentiert er, ist es für die Natur möglicherweise effizienter, Lebensformen mit ein wenig Bewusstsein auszustatten, als zu versuchen, jedes Tier für jede denkbare Gelegenheit mit eigenen Funktionen auszustatten. Auf dem Symposium über Bewusstsein bei Tieren in Denver erklärte er einem skeptischen, aber voller Respekt lauschenden wissenschaftlichen Publikum, dass möglicherweise selbst Wirbellose über primitive Mittel einer «geistigen» Vorschau auf die Ergebnisse ihrer Handlungen verfügten, da ja das Bewusstsein (so argumentiert der Philosoph Karl Popper) ein Mittel bereitstelle, Vorstellungen im Geist zu erproben, ohne die Risiken der realen Welt dabei in Kauf zu nehmen.

Die Frage des Bewusstseins wird im Verlauf dieses Buches immer wieder auftauchen. In vielen Kategorien tierischen Verhaltens kann tierisches Bewusstsein aufblitzen. Einige der bewegendsten Beispiele haben mit Sympathie, Verständnis und Vertrauen zu tun. Eine meiner Lieblingsgeschichten ereignete sich in Nordindien und wurde von Survival Anglia filmisch dokumentiert. Beteiligt waren ein Leopard und einer der meistgefeierten und exzentrischsten Naturschützer Indiens. Im Laufe der Zeit hat Billy Arjan Singh eine ganze Reihe verwaister Großkatzen in sein Haus aufgenommen. Vor einigen Jahren teilte er sein Quartier sowohl mit einem Tiger als auch mit einem Leopardenjungen. Der inzwischen verstorbene deutsche Naturfilmer Dieter Plage hielt einige außergewöhnliche Augenblicke dieses Zusammenlebens auf Film fest, darunter auch einen ausgelassenen Spaziergang, den Singh auf seinem Grundstück mit dem Tiger, dem jungen Leoparden (dem Singh den Namen Harriet gegeben hatte) und seinem Hund unternahm. Der Hund, der offenbar den Verstand verloren hatte, griff irgendwann spielerisch den Leoparden an. Harriet reagierte darauf im Geist des Spieles mit sorgfältig eingezogenen Krallen und versetzte dem Hund eine blitzartige Folge kurzer Hiebe ins Gesicht.

Nachdem Harriet ausgewachsen war, wilderte Singh sie in einem Schutzgebiet aus, einem Wald, der seinem Anwesen gegenüber auf der anderen Seite des Flusses lag. Sie passte sich erfolgreich an das Leben in der Wildnis an, paarte sich und hatte zwei Junge. Singh hielt sie aus der Distanz locker im Auge, und Plage hielt einiges aus ihrem Leben filmisch fest.

Dann wurde die Gegend von einem Hochwasser heimgesucht, das auch Harriets Kinderstube bedrohte. Sie beschloss, die Babys an den einen Ort zu bringen, von dem sie wusste, dass er Sicherheit bot. Erst schwamm sie mit dem einen Jungen im Maul über den Fluss, dann mit dem anderen, und verlegte so ihr Lager auf den hohen und sicheren Grund von Singhs Küche im Obergeschoss von dessen Haus. Das Küchenpersonal respektierte diese Vorsichtsmaßnahme des ausgewachsenen Leopardenweibchens und die exzentrischen Prioritäten Billy Singhs und richtete sich schleunigst in einer behelfsmäßig hergerichteten Küche ein.

Als das Hochwasser zurückging, machte Harriet einen Erkundungszug und inspizierte ihr altes Lager. Sie kam zu dem Schluss, dass ihr Zuhause in der Wildnis wieder sicher sei, und schwamm mit einem der Jungen über den Fluss. Die Strömung allerdings war immer noch gefährlich. Als sie wiederkam und das zweite Junge ins Maul nahm, setzte sie sich damit, statt in den Fluss zu springen, in den Bug von Singhs Einbaum (in dem sie zuvor schon viele Male befördert worden war) und schaute sich dann nach ihm um, als wolle sie sagen: «Worauf wartest du noch?» Singh verstand den Wink und brachte die Leopardin mit ihrem Baby über den Fluss. Die Geschichte zeigt ein außerordentliches Vertrauen über die Barriere zwischen den Spezies hinweg. Es ist außerdem schwer, der Vorstellung zu widerstehen, dass Harriet «wusste», wie sie sich sowohl diese über die Speziesgrenze hinweggehende Beziehung als auch die menschliche Technologie (das Boot) zum Schutz ihrer Jungen zunutze machen konnte.

Es gibt weitere Beispiele von Tieren, die sich an Menschen wandten, wenn ihr Nachwuchs in Gefahr war. Solche Geschichten sind bemerkenswert, weil Tiermütter zunächst einmal ihre grundlegendsten Instinkte, die sie zum Schutz ihres Nachwuchses drängen, überwinden müssen, wenn sie einem Menschen erlauben, einem kranken oder geschwächten Jungtier zu helfen. Einer dieser Zwischenfälle ereignete sich im Nationalzoo in Washington, und Rob Shumaker bezeichnet ihn als den Wendepunkt in seiner Einstellung zum Bewusstsein bei Tieren. Es geschah vor ungefähr zehn Jahren, als Bonnies kleiner Sohn Kiko ernsthaft erkrankte.

Das Jungtier wurde von seiner Mutter im Orang-Utan-Gehege aufgezogen, und die Tierpfleger sahen sich einem Dilemma gegenüber. Das Tierbaby benötigte eine Injektion; es musste also von seiner Mutter getrennt werden. Man konnte der Mutter zwar Beruhigungsmittel verabreichen, um an das Baby heranzukommen, aber das wollte man möglichst vermeiden, weil es sowohl für die Mutter als auch für das Tierkind ein traumatisches Erlebnis sein musste.

Bevor man also zu dieser letzten Maßnahme griff, bat Rob den Tierarzt, ob er vielleicht etwas versuchen könne. Er ging mit einer Spritze in seiner Tasche ans Gitter. Dort nahm er die Spritze heraus und zeigte sie Bonnie, die hinten im Käfig ihr Baby festhielt, und sagte: «Bonnie, das hier muss ich dem Baby geben.» Bonnie hatte selbst schon Injektionen bekommen und wusste, was eine Spritze war – sie wusste auch, dass die Injektion schmerzt. Aber es schien, als wüsste sie ebenfalls, dass das, was in der Spritze war, vielleicht ihrem Baby helfen würde.

Zuerst starrte sie Rob nur an. Dann brachte sie ihm das Baby ans Gitter und hielt es so, dass Rob es erreichen konnte. Er gab dem Baby eine Injektion in den Schenkel, und obwohl der Kleine Zeter und Mordio schrie, hielt Bonnie ihn fest, bis Rob fertig war. Erst dann nahm sie ihn vom Gitter zurück und tröstete ihn. «Sie hat mir vertraut», sagt Rob, «aber was ich so bemerkenswert fand, war, dass sie die Situation zu verstehen schien und bereitwillig mitgemacht hat.»

Es gibt auch Geschichten über Hingabe bei Tieren, die sich nicht von dem unterscheiden lässt, was wir als Liebe kennen. In der Zeitschrift *National Geographic* erzählte Douglas Chadwick eine solche Geschichte aus Indien. Asiatische Elefanten werden dort bei der

Holzgewinnung eingesetzt und entwickeln sehr starke Bindungen an ihre Führer, die ihre Ausbilder, ihre Ernährer und Kameraden sind. Chadwick schrieb über einen solchen Führer, der dazu neigte, sich bis zur Bewusstlosigkeit zu betrinken. Bei diesen Gelegenheiten pflegte sein Elefant ihn mit dem Rüssel vorsichtig aufzunehmen und nach Hause zu tragen, wo er ihn sanft vor seiner Eingangstür absetzte. Nicht lange nach dem Tod dieses Führers starb auch der Elefant. «Vielleicht», schrieb Chadwick, «ist er gegangen, um seinen Führer zu finden.»

Manchmal schlagen die Gefühle der Tiere für Menschen auch in echte Verliebtheit um, ein Phänomen, das ich selbst schon erlebt habe. Als ich einmal ein Rehabilitationszentrum für Orang-Utans auf Borneo besuchte, musste ich mich der Annäherungsversuche eines halbwüchsigen Weibchens erwehren, das sich vom Dach meiner Hütte aus auf mich fallen ließ, wenn ich herauskam, mich in die Arme nahm und erstaunlich kraftvoll drückte. (Nachdem ich einmal den Flirt eines Gorillaweibchens erlebt hatte, wusste ich, wenn eine Äffin es ernst meint.) In Karisoke, der Forschungsstation, wo Generationen von Wissenschaftlern die Berggorillas studiert haben, wurde es für eine junge Frau von der University of Michigan schwierig, die angemessene wissenschaftliche Distanz zu einem wilden jungen Gorillamännchen zu wahren, der sie mit Radschlagen zu beeindrucken versuchte und sie dann am Arm oder an der Schulter packte und in einer wahren Gorilla/Höhlenmensch-Leidenschaft davonschleppte.

Immer wieder haben sich Tiere auch zu Heldentaten aufgeschwungen. Vereinigungen wie die Delta Society in Seattle, die sich für das Tier als Kameraden einsetzt, haben zahllose Geschichten über Katzen gesammelt, die ihre Besitzer weckten, wenn das Haus in Flammen stand, und von Hunden, die Babys in Sicherheit brachten. Einige dieser dokumentierten Aktionen zeugen von klarem Bewusstsein und Verstand. Als am 19. August 1996 ein Kind fast sechs Meter tief in den Graben fiel, der das Gorillagehege des Brookfield Zoo in Chicago umgibt, hielt ein achtjähriges Flachlandgorillaweibchen mit Namen Binti Tua die anderen Gorillas von dem bewusstlosen Kind fern, nahm dieses dann vorsichtig auf und übergab es den Tierpflegern, die inzwischen zum Diensteingang des Geheges geeilt waren.

Trauer gibt es im Tierreich ebenfalls, wie die Geschichte von Orky und Corky zeigt, zwei vom Unglück verfolgte Schwertwale, die in einem unzureichend großen Becken in einem inzwischen stillgelegten Park namens Marineland in Palos Verdes, Kalifornien, lebten. Einige kritische Stimmen bemerkten, die Einrichtung sei nicht groß genug gewesen, um den Schwertwalen genügend Bewegungsspielraum zu bieten, und die Tiere hätten deshalb unter einer Vielzahl von Krankheiten gelitten. Die Angestellten des Parks allerdings waren sehr um die Gesundheit der Wale besorgt, und den Walen ging es immerhin gut genug, um einen Fortpflanzungsversuch zu wagen. Unglücklicherweise brachte Corky kein einziges Junges zur Welt, das seine Kindheit überlebt hätte. Gail Laule und Tim Desmond, die heute beide als Angestellte von Active Environments Inc. in beratender Funktion für verschiedene Zoos als Verhaltensexperten tätig sind, arbeiteten während ihrer Jahre in Marineland als Pfleger und Trainer mit Orky und Corky zusammen. Wie Laule und Desmond berichten, brachte eine von Corkys tragisch endenden Schwangerschaften Orky dazu, sich in seiner Trauer selbst Verletzungen zuzufügen.

In den siebziger Jahren war es noch schwierig, die Schwangerschaft eines Schwertwals genau zu verfolgen. Die Pfleger wussten nicht, dass Corky zum ersten Mal tragend war, bis sie ihr Junges zur Welt brachte. Während einer weiteren Schwangerschaft pflegte Orky sich an Corkys Seite zu manövrieren und seine Stirn an ihren Bauch zu legen, vermutlich, um mit seinem fantastischen akustischen Wahrnehmungsvermögen ein Sonagramm von Corky zu machen. Eines Tages dann – die werdende Mutter zeigte für die Tierpfleger keinerlei ungewöhnliche Anzeichen – untersuchte Orky seine Partnerin wieder, ließ seinen Schnabel vier- oder fünfmal an ihrer Seite auf und ab gleiten, so ähnlich wie ein Arzt mit einem Ultraschallgerät den Bauch einer schwangeren Frau abtastet. Was immer er entdeckte, erfüllte ihn mit großer Verzweiflung.

Orky schwamm an den Rand des Beckens und rammte in einem gewaltigen Gefühlsausbruch seinen Kopf gegen die Beckenwand. Zwei Stunden später hatte Corky eine Fehlgeburt. Gail und die anderen, die damals dort arbeiteten, nahmen an, dass Orky von dem Augenblick an, da er seinen Kopf an Corkys Bauch legte, wusste, dass das Junge tot war.

Interaktion und Kommunikation von der Art, wie sie in den angeführten Beispielen sichtbar wird, werde ich in diesem Buch vorstellen und erkunden. Neben Geschichten von der Flucht aus Gefangenschaft werde ich solche von Betrug, Gier, Manipulation und Rache vorstellen, nicht zu vergessen die Beispiele von Heldenmut, Treue, Vertrauen und Liebe. Wenn die Tiere über einen bestimmten Grad von Bewusstsein verfügen, dann teilen sie wohl nicht nur die Tugenden der Menschen, sondern auch deren Laster. Und ich werde auch Geschichten erzählen, in denen sich Tiere Fähigkeiten, die sie von Menschen erlernt haben, in ihrem Verhältnis zu anderen Tieren zu Nutze machen. Eins der erheiterndsten Beispiele dieser Art handelt von einem Papageien. Es bietet sich an, es schon hier anzuführen, führt es uns doch zu der verzwickten Frage des Anthropomorphismus.

Sally Blanchard ist eine Papageienpsychologin, obwohl sie sich gegen diese Bezeichnung wehrt und lieber als Verhaltensforscherin betrachtet werden möchte. Von ihrem kleinen Haus in Alameda, Kalifornien, aus berät sie Papageienbesitzer mit problematischen Vögeln. Das klingt zunächst einmal nach Narzissmus, Selbstbespiegelung – eben nach Kalifornien. Warum soll man in einem Staat, der geradezu sprichwörtlich ist für seine Mitleid erregenden Exzesse in allem, was der Selbstverwirklichung dient, nicht seinen Papagei einem Psychiater auf die Couch geben, wenn er den ganzen Tag lang kreischt oder sich wie besessen seine Federn ausreißt?

Beim zweiten Hinsehen stellt sich allerdings heraus, dass Sally Blanchard und andere Spezialisten für das Verhalten von Papageien einem weit verbreiteten Bedürfnis entgegenkommen. Anders als Hunde und Katzen, die seit Tausenden von Jahren domestiziert sind, handelt es sich bei den Papageien um wilde Tiere, die nicht im Geringsten an menschliche Gesellschaft angepasst sind. Ihre Bedürfnisse und Neurosen werden auch nicht annähernd so gut verstanden wie die anderer Schoßtiere, und diese klugen, in hohem Maß sozialen Tiere sind in der Lage, ihrem Besitzer, wenn er unbeabsichtigt einen roten Knopf drückt, das Leben zur Hölle zu machen. Deshalb lassen sich Papageienbesitzer im ganzen Land von Sally beraten. Und bei diesen Gelegenheiten erzählen sie ihr auch Geschichten über außerordentliche Dinge, die ihre Vögel getan haben. Manche sind einfach zu gut, um wahr zu sein, und eine der besten handelt von einem Graupapagei in Arkansas.

Kein anderes Tier kommt dem Papagei gleich, was das Sprechen von Wörtern angeht, und zu den schwatzhaftesten und geselligsten ihrer gesamten Verwandtschaft zählen die Graupapageien. Ich habe mehr als zehntausend Graupapageien abends am Rand einer Lichtung landen sehen; ihre Rufe und ihr Geschwätz ergeben einen unglaublichen Lärm. Es sind extrem gesellige Vögel, und Jimbo, der Graupapagei aus Arkansas, von dem hier die Rede ist, war darin keine Ausnahme.

Jimbos Menschenmutter, Bev Llewellyn, lebt auf einer Farm in der Nähe von Strickler, Arkansas, wo sie und ihr Mann Bill Shetlandcollies züchten. Sie hat ein herzliches Verhältnis zu ihren Eltern, die in einem Mobilheim auf dem Besitz wohnen, nicht weit vom Haus ihrer Tochter entfernt. Zum Abendessen bei ihren Eltern nimmt Bev den Papagei regelmäßig mit. Ihre Mutter spielt mit ihm «Peekaboo» («Kuckuck, hier bin ich»; dieses Spiel scheint bei allen Spezies beliebt zu sein), und der Vogel gewöhnte sich an, die Eltern seiner Besitzerin Poppa und Peekaboo zu nennen. Wenn also Bev und Bill sich zum Aufbruch rüsten, um zum Abendessen hinüber zum Wohnwagen zu gehen, sagt Jimbo gewöhnlich: «Können wir zu Poppa und Peekaboo zum Dinner, was? Also los!» Aller Wahrscheinlichkeit nach in Unkenntnis der vernichtenden Implikationen hat der Papagei neben einer Anzahl weiterer Sätze auch zu sagen gelernt: «Es gibt Taccos und Hühnchen.»

Bei irgendeiner Gelegenheit saß der Vogel in seinem Käfig am Fenster, das in den Innenhof hinausgeht. Vor dem Fenster sah Jimbo einen Wegekuckuck und sagte zu Bev: «Mama, schau mal! Ein Vogel!» Dann wandte Jimbo sich dem Wildvogel direkt vor dem Fenster zu und sagte: «Hallo Vogel. Hast du Hunger? Willst du zu Poppa und Peekaboo zum Abendessen gehen? Peekaboo kocht Hühnchen und Mais.»

Was fangen wir nun damit an? Es wäre eine verführerische Annahme, dass der Papagei in großzügiger Weise eine Einladung zum Abendessen auf einen Wildvogel ausdehnt, aber das wäre ein Anthropomorphismus – es hieße, anderen Lebewesen menschliche Motive zu unterstellen. Das ist in der Wissenschaft verpönt, und eine solche Annahme lässt sich wahrscheinlich mit dem zitierten Beispiel nicht belegen. Es ist unwahrscheinlich, dass es dem Papagei wirklich um das Los eines fremden Vogels einer anderen Spezies geht. Andererseits sind jetzt vielleicht ein paar Worte über Anthropomorphismus angesagt, bevor wir uns den Geschichten selbst zuwenden.

Anthropomorphismen ergeben sich aus einer natürlichen Tendenz, im Handeln und in den Eigenschaften anderer Lebewesen menschliches Verhalten und menschliche Motive wiederzufinden. Der Krake wirkt intelligent, weil über seinem sehr ansprechenden Auge sich eine knollige, kopfartige Struktur erhebt, die ein großes Gehirn zu beherbergen scheint. Aber das tut sie nicht – es ist der Körper des Kraken. Und ein ähnlich gelagerter Fall: Viele Menschen sind vernarrt in die Delphine, teils wegen ihrer edlen Stirn, ihrer Grazie und ihres ständigen Lächelns. Hinter der Stirn allerdings verbirgt sich eine Echoloteinrichtung und kein Gehirn (die kleinen grauen Zellen liegen weiter hinten), und das Lächeln entstand im Laufe der Evolution, um die den Delphinen eigene Strategie des Nahrungserwerbs zu ermöglichen und nicht etwa, um deren Lebensfreude zum Ausdruck zu bringen. Wenn die Delphine es sich angewöhnt hätten, ihre Beutefische von oben statt von unten anzugreifen, dann hätten sie damit vielleicht den Fluch ständig herabgezogener Mundwinkel auf sich geladen. Ich will damit nicht sagen, dass Delphine und Kraken nicht intelligent sind – sie sind es in der Tat (und das Meeressäugetier ist intelligenter als die Molluske) – oder dass Delphine nicht edel und verspielt sind. Aber es ist wichtig, festzuhalten, dass wir die Intelligenz eines Tieres oder dessen Charakter nicht anhand seines Aussehens beurteilen können.

Dies ist auch eine der Lehren aus unserem zwiespältigen Verhältnis zu den Schimpansen. Es gibt sehr viele Beweise dafür, dass sie sehr klug sind, aber es ist ihr Missgeschick, dass sie aussehen wie etwas, dem es nicht gelungen ist, ein menschliches Wesen zu werden. In der Wildnis stellen Schimpansen Werkzeuge her und formieren sich für solch edle Unternehmen wie Kriegszüge und gemeinschaftliche Jagden (dies sind natürlich ebenfalls sehr vertraute menschliche Beschäftigungen). In Gefangenschaft lernen und benutzen sie Wörter auf symbolische Weise, auch dies eine Fähigkeit, die vordem für exklusiv menschlich gehalten wurde. Aber Schimpansen sind auch leidenschaftlich und aggressiv und werden nicht zögern, jemanden zu beißen, wenn sie geärgert werden oder man ihnen Unrecht tut. Schimpansinnen zeigen während ihrer Hitze gewaltig angeschwollene Geschlechtsteile, die für einen männlichen Schimpansen großartig aussehen, aber vulgär für die Augen unwissender Menschen.

Schimpansen sind eine unwillkommene Erinnerung an unsere dunklen Wurzeln; sie gehören nicht zu den Lebewesen, für die die meisten Menschen viel übrig haben. Harriet Ritvo hält fest, dass viele Menschen des viktorianischen Zeitalters, bereits beunruhigt durch Linnaeus' Klassifizierung der Affen und Menschen als einander ähnlich, geradezu abgestoßen wurden von Darwins Annahme, dass beide gemeinsame Vorfahren besäßen. Das Unbehagen darüber hält bis heute an. Während Delphine ganze Legionen von Schutzengeln besitzen, behandeln wir die Schimpansen als unsere armen Verwandten, deren Verwandtschaft nur anerkannt wird, wenn es uns nutzt: zum Beispiel, wenn sie anstelle von Menschen für medizinische Tests gebraucht werden, weil man Heilung für Krankheiten wie Aids oder Hepatitis B sucht.

Wir müssen aber nicht nur vorsichtig sein, was Urteile aufgrund des Aussehens anbelangt, sondern dürfen auch nicht vorschnell über das Verhalten von Tieren unsere Schlussfolgerungen ziehen –

auch nicht bei einem engen Verwandten wie dem Schimpansen. Wenn jemand beispielsweise einen grinsenden Schimpansen sieht, wird er normalerweise annehmen, dass der Schimpanse fröhlich ist. Bei den Schimpansen allerdings zeigt ein Grinsen gewöhnlich Furcht vor der Wut eines höher Gestellten an. (Und wenn man es einmal recht bedenkt, bedeutet ein Grinsen für einen Menschen in der Gegenwart seines Chefs oft das Gleiche.)

Ungeachtet dieser besonderen Klippen hat aber auch der Anthropomorphismus seinen Platz. Wie eingefleischte Verhaltensforscher argumentieren, ist Objektivität unmöglich, wenn es um die Erforschung höherer geistiger Fähigkeiten geht. Die einzige Art und Weise, wie wir das Bewusstsein eines anderen Tieres einschätzen können, ist die Annahme, dass es eine gewisse Ähnlichkeit mit menschlichem Bewusstsein hat.

Das allerdings ist eine umstrittene Idee. Und tatsächlich hat Daniel Dennett auf dem Symposium in Denver viel Zeit darauf verwandt, zu zeigen, dass die Frage «Wie ist es, ein Schimpanse zu sein?» mit einer Vielzahl von Annahmen befrachtet und keineswegs so unschuldig ist, wie sie klingt. Dennett sagte, dass wir nicht annehmen sollten, Bewusstsein bei anderen Lebewesen habe mehr Ähnlichkeit mit menschlichem Bewusstsein als tierische Verständigungssysteme mit der menschlichen Sprache. Er zitierte eine Arbeit von Thomas Nagel aus dem Jahre 1974, in der dieser argumentierte, dass es weder ihm noch irgendjemandem sonst möglich sei, sich vorzustellen, wie es wäre, eine Fledermaus zu sein, deren Wahrnehmung von Echo-Ortung beherrscht wird.

Damals antwortete Donald Griffin ihm darauf, dass er in Kontakt zu Nagel gestanden habe, während dieser seine Arbeit niederschrieb, und dass er versucht habe, ihn zu einer Änderung seiner Schlussfolgerungen zu bewegen. Griffin führte an, dass blinde Menschen Fähigkeiten entwickeln, die eine gewisse Ähnlichkeit mit der Echo-Ortung haben und uns möglicherweise ein winziges Fenster dazu öffnen, wie Fledermäuse und Delphine ihre Umgebung wahrnehmen.

Festzuhalten bleibt aber, dass wir gewiss nicht alles über das

Bewusstsein bei Tieren erfahren können, indem wir unsere eigenen Gefühle und Gedanken zugrunde legen, dass wir dabei in der Tat riskieren, fehlgeleitet zu werden, dass wir aber andererseits durchaus etwas davon lernen können. Jeder Mann, der einmal in einen Nahkampf verwickelt war beziehungsweise einen Sport wie Ringkampf oder Boxen betrieben hat, kennt die tief gehenden Gefühle, die ein handgreiflicher Kampf selbst in der kontrollierten Situation eines Wettkampfs hervorruft. Schimpansen und Gorillas ringen auch; ich habe schon Schimpansen die gleichen Kniffe und Würfe durchführen sehen, die unsere Schuljungen stundenlang üben. Es scheint nicht besonders verwegen anzunehmen, dass die Ängste und gelegentlichen Triumphgefühle, die dieser alte Sport hervorruft, Millionen Jahre älter sind als unsere Spezies und in gewissem Maß von unseren engsten Verwandten geteilt werden.

Wenn wir an Bewusstsein bei Tieren denken, dann ist unser einziger möglicher Ausgangspunkt unsere eigene Erfahrung. Deshalb wollen wir uns zunächst vorstellen, dass Bewusstsein bei Tieren eine beschränkte Form des Bewusstseins der Menschen ist – Tiere sind nach Oskar Heinroths Definition «sehr gefühlsbetonte Leute mit sehr wenig ausgeprägter Fähigkeit zur Vernunft» –, oder das Bewusstsein sogar als ein allen gemeinsames Wasserloch ansehen, aus dem alle Lebewesen trinken, einschließlich uns Menschen. Auf diese Weise hat der Anthropomorphismus in Form einer Introspektion im Gegensatz zu seiner sentimentalen Ausprägung seinen Platz beim Verständnis dessen, was Max und Patty im Sinne hatten, was der Papagei in Arkansas meinte und warum Orang-Utans so viel Zeit auf Ausbruchsversuche verwenden.

Ich plädiere hier nicht dafür, über das Ziel hinauszuschießen – ich würde sehr zögern, menschliche Gefühle als Mittel anzusehen, um zu verstehen, was beispielsweise in einem Velociraptor vorgeht –, aber wenn einem die vielen Fallgruben bewusst sind und man im Sinn behält, was die Wissenschaft inzwischen über diejenigen Aspekte des Bewusstseins bei Tieren herausgefunden hat, die durch einfallsreiche Studien erkundet werden können, dann können wir wohl versuchen, uns vorzustellen, wie es sein müsste, ein Schimpanse zu sein, und vielleicht sogar einen winzigen Eindruck davon zu bekommen, wie sich ein Delphin fühlen muss.

Das also sind einige der Ansätze und Annahmen, die uns bei unserem entschieden unwissenschaftlichen Ausflug in die Psyche anderer Tiere leiten werden. Die Prämisse dieses Unternehmens lautet: Wenn wir offenen Auges die verschiedenen Reaktionen der Tiere auf ihre Gefangenschaft beobachten, wenn wir uns die Handlungen ansehen, auf die sie verfallen, wenn sie versuchen, uns auszutricksen, uns zu betrügen, mit uns zusammenzuarbeiten oder uns zu helfen, dann werden sie uns ein wenig darüber verraten, wie man sich als Schwertwal, als Tiger, als Elefant und vielleicht sogar als Biene fühlt. Und wenn wir sorgfältig beobachtet haben, können wir vorsichtig anhand unserer eigenen Erfahrungen zu verstehen versuchen, was sie uns damit sagen wollen.

# Der Wolf, der Freundschaft mit einer Ziege schloss

## Spiele und Humor

Spiele sind eine ernste Angelegenheit. Es war ein von einem Orang-Utan erfundenes Spiel, das Terry Maple, den Direktor von Zoo-Atlanta und Präsidenten der American Zoological Association, zum ersten Mal davon überzeugte, dass andere Tiere über ein gewisses Maß von Intelligenz verfügen mochten. Das geschah 1972, als er als Student eine Forschungsarbeit im Zoo von Sacramento, Kalifornien, durchführte.

Dr. Maple ist ein sehr stattlicher Mann, vielleicht stattlich genug, um das Interesse eines Orang-Utan-Weibchens zu erregen. Maple macht keinen Hehl aus seinem Gewicht. Als er einmal stolz bekannt gab, dass es im Zoo von Atlanta gelungen sei, das Gewicht eines neu erworbenen Orang-Utans von über vierhundert auf gute zweihundertfünfundvierzig Pfund zu reduzieren, fügte er trocken hinzu: «Unglücklicherweise hatte der Zoodirektor keinen vergleichbaren Erfolg.» Sei es nun wegen seines Umfangs oder wegen seiner gleichermaßen stattlichen Persönlichkeit, Maple jedenfalls erregte die Aufmerksamkeit eines bestimmten Orang-Utans im Zoo von Sacramento.

Maple ging zu den Gehegen, bevor der Zoo öffnete, so dass er die Tiere in relativer Abgeschiedenheit beobachten konnte. Während er so eines Morgens auf Posten war, kam ein Orang-Utan-Weibchen mit einem großen Lumpen im Maul in das Freigehege heraus. Sie nahm den Lumpen aus dem Maul, rollte ihn zu einem Ball zusammen und warf diesen ein paar Mal in die Luft. Darauf blickte sie Terry an, dann wieder den Lumpen. Dr. Maple erinnert sich noch, dass das ein paar Mal so hin und her ging, bis sie schließlich den Arm beugte und den Lumpen dem erstaunten Studenten zuwarf. Dr. Maple tat, was jeder getan hätte: Er rollte den Lumpen zusammen und warf ihn ihr zurück. Nach einem Augenblick versuchte sie, ihn wieder zu ihm zurückzuwerfen, aber der Lumpen landete an einer Stelle, wo beide ihn nicht erreichen konnten, und damit war das Spiel zu Ende.

In der freien Wildbahn gehören Spiele zur Erziehung eines Tieres. Räuberisch lebende Tiere spielen Anschleichen und Fangen, jugendliche Männchen vieler Arten trainieren ihre Fähigkeiten für Zweikampf und Imponiergehabe – die später auch ernsthaft zur Anwendung kommen – und so weiter. Das Spielen gehört auch untrennbar mit unseren höheren geistigen Fähigkeiten zusammen. Die Briten wiederholen stets gern Sir William Fraziers Ausspruch, dass «die Schlacht von Waterloo auf den Sportfeldern von Eton gewonnen wurde». In der Wissenschaft ist die Grenze zwischen Spiel und intellektueller Kreativität so verwaschen, dass das eine davon oft nahtlos in das andere übergeht.

Die Mathematiker benutzen gern Kartenspiele als Ausgangspunkt für die Behandlung der Wahrscheinlichkeitslehre im Unterricht. Und Edward Thorpe, das Spielgenie, das einen Weg fand, Kasinos im Black Jack zu schlagen, war daneben ein erfolgreicher Mathematiker. Eine ganze Reihe von Denkern befand, dass das Spiel der höchste Ausdruck unserer Menschlichkeit sei.

Obwohl Spiele eine wesentliche Vorbereitung auf das Leben sind, ist die Zeit, die man ihnen widmen kann, gewöhnlich begrenzt. In freier Wildbahn, wo das reine Überleben nur relativ kleine Spielräume lässt, wird eine Spezies, die viel ihrer Zeit frivolen Zwecken widmet, wahrscheinlich nicht sehr lange existieren. Wie bei so vielen anderen höheren Fähigkeiten begrenzt das auch die Rolle des Spiels im Leben verschiedener Tiere. Wir können sagen, dass Tiere bis zu dem Grad verspielt sind, in dem der Wert des Spielens dessen Kosten überwiegt und die Aussichten des Tieres auf Reproduktion und Überleben vergrößert.

Die Gefangenschaft ändert diese Gleichung radikal, indem große Teile der mit dem Spiel verbundenen Risiken eliminiert werden. Die Gefangenschaft beseitigt auch die engen Grenzen des Zeithaushalts eines Tieres, da nunmehr weder der Nahrungserwerb noch die Sorge um die Sicherheit weiter ins Gewicht fallen. Wenn ein Tier eine Neigung zu Spiel und Spaß hat, dann gibt ihm das Leben unter Menschen die Gelegenheit, wenn nicht gar die Motivation, diesen Interessen nachzugehen. Unglücklicherweise können die Bedingungen des Zoolebens für Tiere, die daran gewöhnt sind, auf einer Fläche von Dutzenden, wenn nicht gar Tausenden von Quadratkilometern umherzuschweifen, langweilig sein, und Langeweile kann den natürlichen spielerischen Instinkt eines Tieres unterdrücken. Manche Tiere reagieren auf Einsperrung, indem sie in eine Art von Lethargie verfallen. Andere zeigen stereotype neurotische Verhaltensweisen. Wieder andere dagegen reagieren auf die ungewohnte Muße, indem sie Spiele erfinden.

Ungefähr zur gleichen Zeit, in der Terry Maple mit einem Orang-Utan-Weibchen Ball spielte, erlebte ich ein einfaches, aber bemerkenswertes Beispiel des Erfindungsreichtums der Orang-Utans, als ich im Laufe meiner Forschungen für *Die Kolonie der sprechenden Schimpansen* den Zoo von Oklahoma besuchte. Die Tierpfleger hatten gerade den Boden des Orang-Utan-Käfigs sauber gemacht, und ein Affe saß faul in einer trockenen Ecke des Geheges. Nachdem er sich die feuchte Fläche ein paar Augenblicke lang angeschaut hatte, stand der Orang-Utan auf, nahm einen Anlauf und schlitterte dann auf den Füßen über den nassen Boden zur anderen Seite des Käfigs. Ich war erstaunt, weil es so eine menschliche Tat war.

Viel gewöhnlicher sind allerdings Spiele, die sich irgendwie aus den natürlichen Vorlieben eines Tieres ergeben. Einige Tiere scheinen zu dem Entschluss zu kommen, dass sie, wenn sie schon nicht wieder zurück in die Wildnis können, vielleicht doch ihr Leben dort in Gefangenschaft simulieren könnten. Joanne Simerson, eine Verhaltensberaterin am Zoo von San Diego, berichtet, dass vier

Eisbären dort ein Spiel erfunden hätten, das eine Robbenjagd simuliert. Buzz, der größte der Bären, legt sich am tiefen Ende des Bassins an dessen Rand, tut so, als schliefe er, und lässt dabei eine Pranke über den Rand ins Bassin baumeln. Dann schwimmen die drei anderen Bären – Buzz' Bruder Neal und zwei Weibchen, Chinook und Shikari – nacheinander von unten an ihn heran und berühren seine Tatze entweder mit der Nase oder der eigenen Pranke. Buzz reagiert darauf, indem er ihnen auf den Kopf schlägt. Die Pfleger nennen es das Bären-Robben-Spiel, weil Buzz den gleichen Schlag anwendet, mit dem ein wilder Eisbär eine Robbe betäubt. Das Spiel endet, indem Buzz sich im Wasser auf einen der anderen drei Bären fallen lässt.

Manche Zootiere beteiligen auch Tiere anderer Spezies an ihren Versuchen, die Rolle, die sie in der Wildnis haben, wieder aufleben zu lassen. Es gibt sogar Fälle von Tieren, die sich gewöhnlich als Räuber und Beutetier gegenüberstehen und miteinander auf eine Weise spielen, die wie eine gutartige Version dessen aussieht, was in der Wildnis ein Kampf auf Leben und Tod sein würde. Simerson berichtet – ebenfalls aus dem Zoo von San Diego – die Geschichte eines Timberwolfs aus den Rocky Mountains und zweier kretischer Wildziegen, zwischen denen sich eine feste Freundschaft entwickelt hat. Der Wolf und die Ziegen bewohnen aneinander grenzende Freigehege. Wenn sie hinausgelassen werden, stehen sie sich an den beiden Seiten eines Zauns gegenüber, der ihre Gehege trennt. Und sobald das geschieht, beginnen die Tiere am Zaun entlang hin und her zu rennen, die Ziegen mit gewaltigen Sprüngen, als gelte es ihr Leben. Vorher oder nachher versucht der Wolf, um seine freundlichen Absichten zu demonstrieren, den Ziegen die Gesichter zu lecken. Nachdem sie bemerkt hatten, wie sehr die Tiere ihr gemeinsames Spiel genießen, lassen die Pfleger sie jetzt zur gleichen Zeit in ihre Freigehege. Der Wolf, so Joanne, ist, wenn sich der Tag dem Ende zuneigt, so lange nicht in seinen Käfig zu bekommen, bis er sieht, dass seine Freunde für die Nacht sicher verwahrt sind.

Auf der anderen Seite der Welt, in Afrika, erlebte ich eine gleichermaßen unwahrscheinliche Freundschaft. Es war 1991, als ich für die Zeitschrift *National Geographic* eine Geschichte über Affen und Menschen schrieb. In Bujumbura, der Hauptstadt von Burundi, machte ich Station im Haus eines Goldhändlers, der eine Schimpansin namens Cheetah als Haustier hielt. Der Käfig der Schimpansin war primitiv, aber sie hatte zumindest die Gesellschaft eines gigantischen Rottweilers mit Namen Simba. Der beeindruckende Hund war im Herzen ein Welpe geblieben und spielte liebend gern mit Cheetah. Sie gingen mit der Energie und der Lautstärke, die bei einem Fußballkrawall freigesetzt werden, aufeinander los und rangen und bissen sich spielerisch – das ganze Schauspiel wäre im Film wegen exzessiver Gewalt der Zensur zum Opfer gefallen, wenn nicht während des ganzen verrückten Theaters Cheetah fast hilflos vor Lachen gewesen wäre. Und es sah genauso aus, als ob Simba ebenfalls lachte.

Die Tatsache, dass das Spielen einem ernsten evolutionären Zweck dient, schließt keineswegs aus, dass Spiele auch unterhaltsam und erfreulich sind. Die Eisbären im Zoo von San Diego halten vielleicht mit der vagen Vorstellung, irgendwann wieder in die Wildnis zurückzukehren, ihre Fertigkeiten zur Jagd aufrecht, vielleicht spielen sie aber auch das Bären-Robben-Spiel, weil es einfach das ist, was Eisbären tun. Aber wenn der Wolf die Ziegen jagt, dann kann er sich ein bisschen wie ein richtiger Wolf fühlen, selbst wenn er seine Freunde verfolgt, während die Ziegen eine Vergnügungsparkversion der Verfolgung bekommen, die von der Sorge frei ist, sie könnten als Mahlzeit des Wolfs enden. Überall in den Zoos scheinen die Tiere zu versuchen, sich zu verwirklichen, so gut sie können und so gut es unter den offensichtlichen Beschränkungen des Zoolebens möglich ist.

Auf der ganzen Welt tragen die Tierpfleger der Zoos das Ihre dazu bei und versuchen, diese schöpferischen Reaktionen auf die Gefangenschaft zu ermuntern, indem sie Ablenkungen und Spielzeuge bereitstellen und so den Tieren ihr tägliches Leben abwechslungsreicher gestalten, indem sie die Gehege möglichst natürlich gestalten und Situationen schaffen, in denen die Tiere so tun können, als jagten sie, als schlichen sie sich an ihre Beute an oder was immer es sonst sein mag, wozu sie geschaffen sind.

Im Woodland Park Zoo in Seattle versucht Dana Wooster, die für die Großkatzen verantwortlich ist, deren Leben interessanter zu gestalten, indem sie aus der Mahlzeit ein Spiel macht. Sie stopft geschreddertes Zeitungspapier und paar Stücke Fleisch in eine große Papiertasche. Jessie, einer der Jaguars und zum ersten Mal Mutter, stürzt sich dann auf die Tasche und zerreißt sie mit den Hinterbeinen, um an ihre Mahlzeit zu kommen. Wie Dana berichtet, zeigte Jessie ihren Jungen, als diese noch klein waren, wie man inmitten des Füllmaterials der Tasche das Fleisch findet.

Dana Wooster hat auch Spiele und Spielzeug für die anderen Katzen. Der Serval, eine hochsensible nachtaktive Katze von ungefähr dreiunddreißig Pfund Gewicht, spielt gerne mit Schlangenhäuten, die von Reptilien des Zoos abgestoßen worden sind. Er faucht die Häute an, beschleicht sie, stürzt sich darauf und zerreißt sie dann. Für die größeren Katzen verwendet Wooster Bowlingkugeln, deren Fingerlöcher mit Gewürzen wie Zimt, Piment, Backsoda und Gewürznelken (der Puma mag am liebsten Katzenminze) gefüllt sind, oder sie gibt ihnen große Rollen von Pappteppich, die sie attackieren können. Der Nebelparder, eine gefährdete Katze aus Asien, spielt mit Dana ein Spiel ähnlich dem, wie es zwischen den kretischen Ziegen und dem Wolf in San Diego stattfindet. Dana tut so, als könne sie den Parder nicht sehen, und das Nebelparderweibchen schleicht sich an sie heran und springt auf sie zu. Das Tier muss einige Befriedigung aus der Demonstration von Fähigkeiten ziehen, die Millionen Jahre der Evolution herangebildet haben.

Dass es auch nur um Spaß gehen kann, wird bei einigen Spielen klar, die die Tiere erfunden haben und an denen Menschen und von Menschen hergestellte Dinge beteiligt sind. Karen Pryor beispielsweise, eine bekannte Verhaltensforscherin, pflegte früher, als sie als Trainerin im Sea Life Park auf Hawaii arbeitete, ihre Kinder mit in den Park zu nehmen. Sie schwammen dort zusammen mit den im Park gehaltenen Spinnerdelphinen. Einer dieser Delphine spielte gerne «unter der Brücke», das heißt, er schwamm zwischen ihren Beinen hindurch, wenn Karen sich breitbeinig in einen flachen Teil des Beckens stellte. Eines Tages nahm der gleiche Spinnerdelphin Pryors damals sechsjährigen Sohn Ted auf eine Runde durch das Becken; der Junge hielt sich an der Rückenflosse des Delphins fest. Mit dem Jungen im Schlepptau schwamm der kleine Delphin auf Karen zu und machte dann direkt vor ihr Halt. Nach einer Weile begriff sie, dass der Delphin mit Ted auf dem Rücken «unter der Brücke» spielen wollte; also wies Karen ihren Sohn an, sich gut festzuhalten und bei der nächsten Runde durch den Pool den Atem anzuhalten. Und tatsächlich hielt der kleine Delphin diesmal nicht an, sondern tauchte mit dem Sechsjährigen auf dem Rücken zwischen Karens Beinen durch. Karen kann nicht erklären, wieso der Delphin wusste, dass es jetzt sicher war, mit dem Jungen auf dem Rücken unterzutauchen.

Alle großen Affen können lachen. Während ein Grinsen bei einem Schimpansen eher Furcht als Freude ausdrückt, ist ein Lachen ein Lachen. Im Laufe der Jahre habe ich Fangen und Kitzeln mit Gorillas, Schimpansen und einmal mit einem Orang-Utan-Baby gespielt. Alle diese Spiele enden damit, dass das Tier sich wie hysterisch vor Lachen krümmt (oder versucht, mir seinerseits eine Gunst zu erweisen und mich zu fangen und durchzukitzeln).

Der Brite John Aspinall hat in Brazzaville im Kongo ein geräumiges Waisenhaus für Gorillas gegründet, deren Eltern Wilderern zum Opfer gefallen sind. Bei verschiedenen Besuchen dort spielte ich alle möglichen Spiele mit den Gorillababys und einem Bonobo, die dort auf die Auswilderung vorbereitet wurden. Der junge Bonobo wurde am liebsten hoch in die Luft geworfen. Wenn er sich dann in freiem Flug befand, lachte er sich halb krank über diese Versuche, ihn immer höher zu werfen. In diesem Fall halte ich die Annahme für vertretbar, dass herzhaftes Gelächter einem Schimpansen oder Gorilla ebenso gut tut wie einem Menschen.

Bongo zum Beispiel, ein Gorilla im Zoo von Columbus, bevorzugte visuelle Späße, um sich während der fünfundzwanzig Jahre, die er dort verbrachte, die Zeit zu vertreiben. Eins seiner Spiele mit

Menschen war ein Fangenspiel, bei dem er an den Gittern seines Geheges entlangrannte, während ein Pfleger auf der anderen Seite des Gitters mit ihm lief. Sein Lieblingstrick bestand darin, plötzlich Halt zu machen und dann lauthals zu lachen, wenn der Pfleger weitersauste.

Wie der Orang-Utan, der Terry Maples Aufmerksamkeit im Zoo von Sacramento erregen wollte, liebte auch Bongo Spiele, in denen etwas geworfen und gefangen wird. Einmal saß er mit einer altmodischen Wasserschale und einem Lumpen auf dem Boden seines Käfigs. Er machte den Lumpen nass und rollte ihn zu einem Ball zusammen. Dann räusperte er sich und grummelte, um Beth Armstrong auf sich aufmerksam zu machen, die Naturschutzkoordinatorin des Zoos. Als sie zu ihm hinschaute, nahm er den zusammengeknüllten Lumpen, warf ihn in die Luft und fing ihn mit der gleichen Hand wieder auf, ohne hinzuschauen. Dann sagte er: «Hmpf.» In diesem Augenblick musste Beth lachen, und da ihm Beths Lachen offenbar gefiel, spielte Bongo in den nächsten sechs Wochen mit dem Ball oder warf Beth irgendwelche Dinge zu.

Beth sagt, der Schlüssel zu seiner Art von Humor sei in der Tatsache zu suchen, dass er ein prächtiges und sehr würdevolles Männchen war. Er war häufig sehr distanziert, und Beth betrachtete es als Kompliment, dass er sie an seinen Spielen teilhaben ließ.

Bongo war der Vater von Fossey, dem Gorillababy, das in der Einführung erwähnt wird, und er spielte auch Brigette, Fosseys Mutter, gern Streiche. Einmal, so erinnert sich Beth, saßen Bongo, Brigette und Fossey alle im Käfig auf dem Boden. Es war nicht viel los, und Bongo warf träge einen Gummiball in die Luft (einen kleinen, leuchtend gelben Ball, der genau in die Handfläche eines Menschen passt). Plötzlich hatte er eine Idee und sah erst Brigette an, dann den Ball und dann wieder Brigette, als nähme er Maß. Eine Sekunde später, während Brigette vor sich hin starrte und eine Hand voll Zoowärter zusahen, warf Bongo ihr den Ball direkt an den Kopf. Die erschrockene Brigette riss den

Kopf in den Nacken, und Bongo lachte – so zufrieden mit seinem gelungenen Streich, wie nur ein riesiges Gorillamännchen es sein kann.

Brigette war klein und rundlich, selbst für einen Gorilla. Ihre Leibesfülle erwies sich eines Tages als deutliches Hindernis, als sie nämlich in einer Gummiröhre stecken blieb, die sich im Käfig befand. Sosehr sie sich auch bemühte, sie kam einfach nicht heraus. Statt ihr zu Hilfe zu eilen, gesellte sich Bongo zu ihr und kitzelte sie. Während sie sich nach Kräften wehrte, brachen ihr Gefährte und ihr Sohn vor Lachen schier zusammen.

Terry Maple berichtet von einer Geburtstagsfeier für Willy B., einen Gorilla im ZooAtlanta, der damals – 1978 – um die zwanzig gewesen sein musste. Die Pfleger organisierten spaßeshalber ein Tauziehen mit dem Gorilla, wobei dieser das eine Ende des Taus festhielt, während ungefähr zwanzig Menschen am anderen Ende zogen. Willy B., so erzählt Maple, erkannte, dass nicht einmal ein Gorilla mehr Kraft aufbieten konnte als zwanzig Menschen; also ließ er das Tau fallen, woraufhin die Menschen am anderen Ende lachend zu Boden stürzten. Das gefiel Willy B., und er probierte verschiedene Variationen dieses Spiels aus: Einmal wartete er, bis seine Spielgegner in ihrer Aufmerksamkeit erlahmten, um dann plötzlich am Seil zu reißen und die menschlichen Besucher zu Fall zu bringen.

Im Nationalzoo spielte ein Orang-Utan-Männchen namens Junior Rob Shumaker einmal einen amüsanten Streich. An heißen Tagen installierten die Tierpfleger einen Wasserschlauch, der eine Fontäne in die Luft spritzte, so dass die Orang-Utans mit dem Wasserstrahl spielen konnten. Nachdem er dieses Spiel mit Junior eine ganze Weile gespielt hatte, räumte Rob schließlich den Schlauch weg, zum Zeichen, dass der Spaß vorbei war. Zu diesem Zeitpunkt befand sich Junior in einer Rutsche über Rob und war nicht zu sehen. Als Rob unter der Rutsche durchging, benutzte Junior seinen langen Arm, um eine gewaltige Menge Wasser, das er angesammelt hatte, die Rutsche hinunterlaufen zu lassen, mit dem Ergebnis, dass Rob bis auf die Haut nass wurde. Shumaker sagt, es sei für ihn ganz klar gewesen, dass Junior nur auf eine Gelegenheit gewartet habe, um ihn zu überraschen.

Mitte der achtziger Jahre benutzte ich meine inzwischen sechzehnjährige Tochter Gillian als Referenz für Vergleiche zwischen Affen und Menschen; sie war noch ein kleines Kind, und ich schrieb damals gerade *Silent Partners.* Ich kann mit einigem Stolz berichten, dass es zwar starke Ähnlichkeiten zwischen Gillians frühen Lernstrategien und denen der Menschenaffen gab, dass meine Tochter aber seither die Affen weit hinter sich gelassen hat, was die Entwicklung von Sprachvermögen und Vernunft betrifft (obwohl sie in puncto Sauberkeit vielleicht noch immer ein wenig den großen Affen hinterherhinkt). Der Mensch entwickelt relativ früh einen Sinn für Humor, und die derben Scherze, die Kindern so viel Spaß machen, liefern eine gute Vergleichsmöglichkeit, um den Humor anderer Tiere zu verstehen. Meine Tochter Sofia ist jetzt zwei Jahre alt, und wenn wir davon ausgehen, dass Schimpansen einen Bewusstheitsgrad besitzen, der sich normalerweise bei vierjährigen Menschen entwickelt, dürfen wir wohl ohne weiteres den Sinn für Humor einer Zweijährigen als Gradmesser für die Differenziertheit des Affenhumors ansehen.

Der Humor ist bei einem zweijährigen Kind noch nicht sehr differenziert, aber er spiegelt dennoch das wider, was die Psychologen als Metakognition oder Wahrnehmung der symbolischen Repräsentationen der Wirklichkeit bezeichnen. Nehmen wir zum Beispiel einen von Sofias Witzen, der sich im Winter 1998/99 lange Zeit großer Beliebtheit erfreute; ich schrieb damals gerade am vorliegenden Kapitel. Ich fragte sie zuerst: «Bist du eine Kohlrübe?», und sie antwortete unter wildem Gekicher: «Ich bin *keine* Kohlrübe!» Daraufhin fragte ich dann: «Bist du eine Wasserwanze?», und sie sagte: «Ich bin *keine* Wasserwanze!» (Ausrufezeichen und kursivgesetzte Wörter geben nur einen schwachen Abklatsch von dem dramatischen Pathos wieder, das eine Zweijährige in diese Erklärungen zu legen vermag.) Daraufhin fragte ich: «Bist du ein großes Mädchen?», und nachdem sie ein paar Mal «Ja!» gesagt hatte, führte sie ihren eigenen kleinen Scherz in das Spiel ein. Spontan antwortete sie einmal mit: «Nein, ich bin *kein* großes Mädchen, ich bin eine Wasserwanze!» Da ihr die Reaktion ihrer beiden Eltern sowie aller anderen Anwesenden im Raum großen Spaß machte, improvisierte sie alle möglichen Variationen: «Nein, ich bin kein großes Mädchen, ich bin eine Kohlrübe», oder das übermütige: «Ich bin keine Kohlrübe, Daddy ist eine Kohlrübe.» Oder zu guter Letzt: «Ich bin keine Kohlrübe, das Baby [ihr einjähriger Bruder, Alec] ist eine Kohlrübe, ich bin eine Wasserwanze!»

Sofia hat keinen blassen Schimmer, was eine Kohlrübe ist (ebenso wenig wie der Autor übrigens), aber sie weiß, was eine Wanze ist, und anscheinend begreift sie die Idee, dass es ebenso absurd wie komisch ist, sich für etwas anderes auszugeben als das, was man ist. Sie mag noch nicht imstande sein zu erkennen, dass ihre Eltern sich im Irrtum befinden könnten (eine kritische Fähigkeit, die sich im Laufe der Entwicklung des Bewusstseins einstellt und auf die viele Eltern verzichten könnten), aber sie ist sich sehr wohl darüber im Klaren, dass sie absurde und komische Behauptungen aufstellen kann, indem sie mit ihrem winzigen Wortschatz jongliert.

Es gibt viele Beispiele, die die Vermutung nahe legen, dass Affen die menschliche Sprache, die man sie gelehrt hat, auf humorvolle Weise verwenden; aber der Humor selbst entzieht sich, wie auch die Tatsache des Lügens, allen noch so rigorosen Tests, weil es praktisch unmöglich ist, eine Absicht nachzuweisen, wie in folgendem Fall: «Ehrlich, Officer, ich habe nur einen Witz gemacht, als ich sagte, ich wolle das Flugzeug entführen.» Sehen wir uns zum Beispiel einen Fall von Sturheit und/oder Humor an, den Barbara Hiller beobachtet hat, die in den siebziger Jahren etliche Jahre lang mit dem Gorilla Koko arbeitete.

Koko, ein Tieflandgorilla, den die Psychologin Penny Patterson von Geburt an großgezogen hatte, hatte gelernt, die amerikanische Zeichensprache zu benutzen, die Sprache der Taubstummen, um mit Menschen zu kommunizieren. Wie in *The Education of Koko* («Kokos Erziehung») beschrieben, spielte das junge Gorillaweibchen allein mit weißen Handtüchern, die es zu einem Nest zusammenlegte, und machte dabei, wie Barbara bemerkte, eine Geste, die in der amerikanischen Zeichensprache «rot» bedeutet. Barbara korrigierte sie mit den Worten: «Aber Koko, du weißt es doch sicher besser. Was für eine Farbe ist das?» Koko, die das Zeichen mit jedem Mal größer machte (eine Möglichkeit, innerhalb der Zeichensprache etwas zu betonen), blieb jedoch bei der Geste für «rot». Schließlich grinste sie und zog ein winziges Fetzchen roter Baumwolle von einem Handtuch, um es Barbara vor die Nase zu halten.

Ein anderes viel zitiertes Beispiel für Kokos Humor war ihre Abwandlung des Zeichens für «trinken». Normalerweise krümmt man für diese Geste die Finger einer Hand, dreht den Daumen nach außen und berührt damit die Lippen, woraufhin man die Hand ein wenig hebt, so wie jemand, der ein Glas oder eine Flasche kippt. Ihre Trainerin hatte Koko mehrfach aufgefordert, das Zeichen für «trinken» zu machen, und Koko hatte sich zunächst widersetzt. Schließlich gab sie nach und machte das Zeichen. Aber statt den Daumen an die Lippen zu halten, hob sie ihn an ihr Ohr.

Beide Beispiele könnten schlichte Irrtümer gewesen sein, aber ist das wirklich die einfachste Erklärung? Zu den Reaktionen, mit denen Heranwachsende, Tiere in Gefangenschaft und große Menschenaffen Überlegenheit in einer Situation demonstrieren, in der sie eigentlich unterlegen sind, gehören die subtilen Formen des Trotzes. Koko fiel zum Zeitpunkt dieses Zwischenfalls in sämtliche der genannten drei Kategorien.

Es ist dies ein Fall, bei dessen Interpretation uns der gesunde Menschenverstand und Morgans Kanon in verschiedene Richtungen führen. Nach Morgans Kanon müssen Kokos Antworten zwangsläufig Fehler sein, es sei denn, es gäbe überwältigende Beweise für das Gegenteil. Der Beweis, dass Koko einen Witz machte, war stark, aber doch nur ein Indizienbeweis. Die wissenschaftliche Disziplin verlangt von uns, dort, wo Beweise es verlangen, das Urteil des gesunden Menschenverstandes umzustoßen (wie zum Beispiel bei der Tatsache, dass die Erde um die Sonne kreist und nicht umgekehrt, wie unsere Sinneswahrnehmungen es uns zu sagen scheinen), aber hier haben wir es mit einem Fall zu tun, in dem Morgans Kanon und das Gebot, immer die einfachste wissenschaftliche Erklärung zu bevorzugen, unserem Verständnis vielleicht im Wege stehen, statt es zu fördern.

Auch ist Koko nicht das einzige Tier, das bei Sprachexperimenten seine Antwort auf monotone Übungen möglicherweise dazu benutzt hat, die Dinge einmal klarzustellen. Alex, ein zweiundzwanzigjähriger Graupapagei und Gegenstand von Irene Peppergbergs Langzeitstudie, verleiht ebenfalls seiner Verärgerung darüber Ausdruck, dass man ihm endlos unvernünftige Handlungen abverlangt. Manchmal antwortet Alex auf menschliche Aufforderungen, die Farbe eines Würfels zu identifizieren, indem er seinerseits eine Frage stellt. Wenn man ihn zum Beispiel fragt: «Welche Farbe ...?», antwortet er: «Sag du mir [Pause], welche Farbe!»

Es gibt noch einen anderen Trick, den Alex anwendet: Er antwortet so lange falsch, bis absolut klar ist, dass es sich um absichtliche Irrtümer handelt. Wenn Alex sieben Alternativen vorgelegt bekommt, darunter eine korrekte Antwort, so berichtet Irene, gibt der Papagei bisweilen zwölf Mal hintereinander eine falsche Antwort, wobei er jedes Mal eine andere falsche Alternative auswählt, bis der Fragesteller schließlich aufgibt. Mit Methoden der Statistik lässt sich als sehr wahrscheinlich erweisen, dass Alex sich absichtlich so verhält; die Wahrscheinlichkeit, dass er oder irgendjemand sonst mit einer Chance von eins zu sieben, die richtige Antwort zu treffen, zwölf Mal in Folge falsch antwortet, liegt bei weniger als einem Prozent.

Berichte über subtile Formen des Trotzes in Gefangenschaft gibt es in Hülle und Fülle. Joanne Simerson hat bei ihrer Arbeit mit Schwertwalen erlebt, dass eins der Tiere zu ihr kam, ihren Fuß sachte ins Maul nahm, ihr einen ihrer Gummistiefel auszog und ihn dann zurückgab. «Tiere lieben solche Spiele», sagt Simerson, «weil sie dabei eine gewisse Macht demonstrieren können.» Koko hat in den beiden oben erwähnten Fällen (mit den Gesten für «rot» und «trinken») alles in ihren Kräften Stehende getan, um den Menschen um sie herum zu zeigen, dass ihre Verwendung dieser beiden Zeichen auf Absicht und nicht auf einem Irrtum beruhte.

Es gibt noch andere Spezies als die Menschenaffen, die mit der erlernten menschlichen Sprache Witzeleien treiben, selbst wenn ihre Absicht zweifelhaft bleibt. Sally Blanchard, die Papageienpsychologin, besitzt selbst eine ganze Anzahl von zahmen Vögeln. Einer davon, Bongo Marie, ist ein afrikanischer Graupapagei, der für Sallys andere Vögel nicht viel übrig hat. Ein besonderer Dorn im Auge ist ihr eine Amazone namens Paco.

Bongo Maries Käfig befindet sich gleich neben Sallys Esszimmertisch. Eines Tages beobachtete Bongo Marie, wie Sally ein Hühnchen zubereitete. Als Sally den Vogel aus dem Ofen nahm, rutschte Bongo Marie in die Ecke ihres Käfigs, von der aus sie den besten Blick hatte. Sally nahm ein Messer zur Hand, um ihr Abendessen zu tranchieren. Bongo Marie sah zu, warf den Kopf hoch und sagte mit großer Begeisterung: «O nein! Paco!» Sally, die sich ein Lachen zu verkneifen suchte, erwiderte: «Das ist nicht Paco», und zeigte Bongo Marie dann, dass Paco gesund und munter in einem anderen Käfig saß: «Siehst du? Er ist da drüben.» Bongo Maries Antwort war ein überaus enttäuschtes «O nein», dann brach sie in ein irres Gelächter aus.

Es besteht kaum Zweifel, dass Papageien mit großem Vergnügen versuchen, Menschen eine Reaktion zu entlocken. Laut Irene Pepperberg ahmen Papageien das Piepen eines Mikrowellenherds oder das Klingeln eines Telefons nach, damit «ihre» Menschen darauf reagieren und sich zu dem Gegenstand hinbegeben, von dem diese Geräusche normalerweise ausgehen. Eine der beliebtesten Geschichten unter Papageienfreunden handelt von einem Papagei, der sich verirrt hatte und seinen Besitzern zurückgebracht wurde, weil er gesagt hatte: «Hallo, hier ist der Anschluss 557-3245. Bitte sprechen Sie nach dem Piepton.» Diese Geschichte hört man so oft, dass es sich vielleicht um eine Papageienlegende handelt, aber es steht fest, dass einige Besitzer tatsächlich versucht haben, ihren Papageien ihre Telefonnummer beizubringen, um die Vögel zurückzubekommen, falls sie sich einmal verirren sollten.

Layne Dicker, ein Papageienpsychologe aus Südkalifornien, bestätigt das. Er argumentiert, dass Papageien sowohl Beutetiere sind als auch eine ausgesprochen gesellige Spezies, was sie besonders empfänglich für die Stimmung anderer Lebewesen macht. Sie konzentrieren sich auf die Dinge, die die Menschen mit großem Energie- und Gefühlsaufwand angehen, weshalb er davor warnt, beim Sex irgendwelche Geräusche zu machen, wenn ein Papagei zugegen ist – vor allem dann nicht, wenn man für den nächsten Tag die Schwiegermutter zu Besuch erwartet.

Dicker ist ständig von Papageien umgeben und erzählt, dass ein einfacher Scherz eine Kettenreaktion in seiner Vogelkolonie auslösen kann. Dicker, der auch Komödien schreibt, erzählt einen Witz, der seine Frau Sally zum Lachen bringt. Daraufhin fängt sein Zwergara Hobbes an zu lachen; dann folgt seine Amazone Chicken; und am Ende, wenn das ganze Gelächter sich gelegt hat, sagt Dusky, ein anderer seiner Vögel: «He ... he ... he!» Und zwar sehr langsam, worauf Layne und Sally sich vor Lachen krümmen und das Ganze von vorn anfängt.

Die Frage, was Papageien aus Effekthascherei tun und was sich auf einen Sinn für Humor zurückführen lässt, bleibt ungewiss, aber sowohl in freier Wildbahn wie auch in Gefangenschaft spielen sie Spiele mit anderen Tieren ihrer eigenen Art, die nur darauf zu zielen scheinen, eine Reaktion zu provozieren. In freier Wildbahn fressen Aras und andere Papageien Ton, den sie an Flussufern finden. Die im Ton enthaltenen Mineralien sind hilfreich bei der Verdauung der sehr säurehaltigen Früchte, die sie verzehren. Dabei ist beobachtet worden, wie ein Ara mit dem Fuß ein Stückchen Ton aufnahm und es einem weiter unterhalb sitzenden Vogel auf den Kopf fallen ließ.

In Gefangenschaft spielen sie einander ähnliche Streiche. Dickers Vögel lassen zum Beispiel mit großer Freude kleine Gegenstände aus der Sicherheit ihres Käfigs heraus auf den Hund oder die Katze des Hauses fallen, wenn diese sich unter den Käfig wagen. Eine besondere Vorliebe haben Dickers Vögel auch dafür, andere Haustiere mit ihrem Kot zu bombardieren. (Das verleiht Gary Larsons

Cartoon *Far Side* einige Glaubwürdigkeit; in diesem Cartoon fliegt ein Vogel über ein Auto, das gerade erst penibel gereinigt wurde. Der Vogel blickt hinab und sagt: «Du gehörst mir, du gehörst ganz allein mir.»)

All diese Geschichten deuten an, dass die Grenze zwischen Humor und schlichtem Unfug verschwommen ist. Bei Schimpansen existiert eine solche Grenze häufig gar nicht. Vor einigen Jahren ereignete sich im Zoo von Tulsa etwas, das diese Vermutung bestätigt. Die für das Schimpansengehege zuständigen Tierpfleger waren zu einer Thanksgiving-Party gegangen und wiegten sich in der Gewissheit, dass die Anstreicher, die an einem Teil des Käfigraums arbeiteten, durch Gitterstäbe und Sperrholz von den Schimpansen getrennt waren. Während des Festes erreichte sie ein dringender Telefonanruf, der sie in den Zoo zurückbeorderte. Wieder bei ihren Schimpansen angelangt, stellte Amy Morris fest, dass es den Tieren irgendwie gelungen war, den zu Tode erschrockenen Anstreichern das Sperrholz und die Schutzplanen abzujagen, ebenso Farbe, Pinsel und Handschuhe. Amy bot sich ein malerisches Bild von Müttern und Kindern; die Kinder waren über und über mit weißer Farbe bedeckt, und eine der Mütter trug einen der Anstreicherhandschuhe. Das Sperrholz war nirgends zu sehen.

Wütend verlangte Amy: «Ich will sofort das Sperrholz sehen», was die Schimpansen zu einer panischen Suche veranlasste. Sie fanden keine Möglichkeit, das Sperrholz wieder durch die Tür zu bekommen, aber sie brachten alle nur denkbaren Gegenstände als Friedensgaben herbei: die Planen, verschiedene Stöcke und alles, was sie auf dem Käfigboden finden konnten. Außerdem machten sie sich, kleinlaut geworden durch Amys Strenge, eilig daran, die mit Farbe bemalten Kinder zu säubern. Einige Zeit später konnte man an keinem ihrer Kinder auch nur ein winziges Fleckchen Farbe mehr ausmachen.

Nun noch ein paar Worte zum Thema Training und zu den Spielen, die die Tiere von Menschen beigebracht bekommen. Mit ein wenig Sensibilität und Einfühlungsvermögen kann man Tieren erstaunliche Dinge beibringen. Einige dieser Übungen, wie die Rechenaufgaben, die der Kluge Hans gelöst hat, mögen einfache Erklärungen haben, aber manchmal geht in unserer Analyse und Würdigung dieser Kunststückchen vollkommen unter, was diese Dinge für das Tier bedeuten, und wir vergessen die Frage, ob sie dem Tier Spaß machen. Sally Blanchard hat Spike, einem ihrer Papageien, ein Kunststückchen beigebracht, bei dem sie ihren Zeigefinger wie eine Waffe hält und so tut, als erschieße sie ihn. Wenn sie «peng» sagt, lässt Spike sich auf den Rücken fallen und streckt die Füße von sich, so dass er vor aller Augen wie die Cartoonversion eines toten Vogels aussieht. Wenn sie dieses Kunststückchen bei Papageienshows aufführen (Sally Blanchard spricht regelmäßig überall im Land über Papageienpsychologie), applaudieren die Leute, und Spike breitet daraufhin die Flügel aus, plustert sich auf und stolziert in seinem Käfig umher. Zu seiner komischen Nummer gehört auch ein Salto, und er hüpft auf zwei Beinen gleichzeitig herum.

Es besteht kaum ein Zweifel daran, dass Spike diese Aufführungen Spaß machen. Je mehr Applaus er bekommt, so erzählt Sally, umso großspuriger tritt er auf. Ein Kunststück hat noch andere befriedigende Aspekte, abgesehen davon, dass das Tier eine Reaktion bei den Menschen provoziert. Erlernte Kunststücke bieten zum einen natürlich eine gewisse Abwechslung gegenüber der Monotonie der Gefangenschaft, zum anderen tragen sie in einigen Fällen aber auch dazu bei, die Verbundenheit mit einem Trainer oder einem Pfleger zu stärken. In diesem Sinne kann ein Kunststück wie ein ausgeklügeltes Grußritual sein, bei dem Mensch und Tier ihre Beziehung erneuern.

Etwas Derartiges mag einem bemerkenswerten Zwischenfall zugrunde gelegen haben, der auf Film festgehalten wurde. Ein pensionierter Dompteur und sein Elefant sahen sich nach einer fünfzehnjährigen Trennung wieder. Der Dompteur, Charlie Franks, hatte das Elefantenweibchen 1955 gekauft und ihr den Namen Nita gegeben; zusammen waren sie fünfzehn Jahre lang in einem Wanderzirkus in Südkalifornien aufgetreten, bevor sie Anfang der siebziger Jahre in den Ruhestand ging. 1989 machte Charlie auf die dringende Bitte eines Reporters hin einen Besuch bei Nita. Der Reporter war Huell Howser von dem Sender KCET in Los Angeles. In der Nähe des Zauns, der die Grenze des Elefantengeheges bildete, blieb Charlie stehen und rief Nita mit den Worten: «Mach, dass du hierher kommst.» Als Nita seine Stimme hörte, streckte sie den Rüssel in die Luft und eilte zum Zaun. Dann betastete sie Charlie von Kopf bis Fuß und öffnete das Maul in Erwartung einer Hand voll Gummibärchen, der alten Belohnung, die Nita nach einem Auftritt stets bekommen hatte. Als Nächstes brachte Charlie sie dazu, einige ihrer anderen Kunststückchen vorzuführen, und sie setzte sich aufrecht hin und machte einen Kopfstand. Anschließend fragte der Reporter Charlie, ob es leicht sei, eine Beziehung zu einem Elefanten aufzubauen. Er antwortete mit einer Gegenfrage: «Ist es leicht, eine Beziehung zu einem Baby aufzubauen?»

Es ist keine Frage, dass diese Kunststückchen zu einem wichtigen Teil im Leben eines Tieres werden. Gail Laule erinnert sich gut an den Tag, als er im Fall eines ehemaligen Zirkuselefanten namens C'sar konsultiert wurde, der damals im zoologischen Garten von Ashboro, North Carolina, untergebracht war. Man hatte den Elefantenbullen aus der Dressur genommen, weil er zu aggressiv geworden war. Zu der Zeit, als Laule ihn kennen lernte, hatte seit drei Jahren niemand mehr mit ihm gearbeitet. Mit Hilfe von Verstärkungstechniken, die ein Tier sanft dazu ermutigen, ein bestimmtes Ziel anzustreben, und es bei Erfolg belohnen, beruhigte Gail den Elefanten und konnte ihn schließlich dazu bewegen, seine ganze Nummer vorzuführen. C'sar reagierte mit solcher Begeisterung, dass er fünf Kunststücke mehr aufführte, als verlangt worden war, und anschließend verkündete er mit lautstarkem Trompeten, dass er noch immer nicht genug hatte.

Im bankrotten Park Marineland südlich von St. Augustine, Florida, ließen die Trainer die Delphine weiterhin drei Mal am Tag ihr Programm absolvieren, obwohl die Einrichtung für vier Monate geschlossen war. Wie Jim Carrier in der *New York Times* berichtete, ließen die Pfleger die Delphine weiterhin komplizierte Luftsprünge und Saltos vollführen, weil es den Tieren gefiel und weil die Trainer fürchteten, dass die neunzehn Delphine des Parks ohne das Ventil dieser Spielstunden Aggressionen gegeneinander entwickeln würden.

Der gleiche Bericht in der *Times* erwähnt, dass drei der Delphine ein Kunststück aufführten, das sie sich selbst ausgedacht hatten. Das ist nicht weiter überraschend, wenn man an Louis Hermans «Tandem kreativ» denkt, das ich oben erwähnt habe. In den sechziger Jahren veröffentlichten Karen Pryor, Richard Haag und Joseph O'Reilly einen Aufsatz mit dem Titel «The Creative Porpoise: Training for Novel Behavior» (Der kreative Schweinswal: Ausbildung zu neuartigem Verhalten); sie zeigten darin, wie ein Trainer durch die Anwendung operanter Konditionierung Delphine dazu bringen konnte, neue Elemente in eine Nummer einzuführen. Es lohnt sich, sich einmal näher mit dem Beispiel zu beschäftigen, das ich in der Einführung gegeben habe. Die dort geschilderte Begebenheit fand drei Jahrzehnte später statt, und sie bietet eine Erklärung dafür, wie die Delphine sich darüber klar werden, welche Kunststücke sie zusammen aufführen wollen.

Die beiden Delphine der University of Hawaii kreisten unter Wasser, bis sie nebeneinander schwammen, dann sprangen sie Seite an Seite aus dem Wasser und spien gleichzeitig einen Wasserstrahl aus, bevor sie wieder untertauchten. Delphine schwimmen für gewöhnlich nicht mit Wasser in der Schnauze, daher mussten die beiden Tiere irgendwie übereingekommen sein, ihre Schnauzen mit Wasser zu füllen – und zwar *bevor* sie in die Luft sprangen. Aber wie hatten sie das gemacht?

Lou Hermans Studie beschäftigt sich mit der Frage, in welchem Ausmaß Delphine die Syntax und die Wörter der erfundenen Sprache verstehen können, die er sie gelehrt hat; ihm geht es nicht darum, herauszufinden, was die Tiere einander mitteilen. Daher widerstrebt es ihm, darüber zu spekulieren, wie sie miteinander kommunizieren, wenn sie entscheiden, welches ihrer Kunststücke sie aufführen wollen. Es ist möglich, dass Delphine über eine eigene Sprache und Grammatik verfügen und schlicht und einfach darüber diskutieren, was sie tun werden, aber bisher liegen keine

Beweise dafür vor, dass die Tiere solche Fähigkeiten entwickelt haben. Andererseits wäre es möglich, dass sie sich auf nicht-symbolische Weise über ihre Absichten und Vorstellungen verständigen. In Ermangelung von Beweisen ist es schwer zu sagen, wie sie unter Wasser miteinander kommunizieren.

Gemäß Karen Pryor lautet die reduktionistische Erklärung, das «Tandem kreativ» sei ein Beispiel für zeitlich perfekt abgestimmte Imitation. Delphine sind große Imitatoren, und es wäre denkbar, dass ein Tier unter Wasser die Schnauze geöffnet und Wasser aufgenommen hat, um dann seinen Partner mit einer bestimmten Geste aufzufordern, es ihm gleichzutun. Karen Pryor ist der Meinung, ein Tier brauche keine gegenständliche Sprache, um dem anderen mitzuteilen: «Hör mal, Junge, ich hab da heute einen tollen Trick für sie, lass uns Folgendes tun ...» Vielleicht hat Pryor Recht, oder vielleicht verfügen die Delphine doch über eine Art von Symbolsprache, die es ihnen gestattet, ihre Kunststückchen zusammen zu planen.

Pryor bezweifelt nicht, dass diesen und vielen anderen Tieren solche Dinge großen Spaß machen. «Diese Tiere sind dafür geschaffen, in einer bestimmten Umwelt zu agieren und diese Umwelt durch ihr Tun für sich zu nutzen, und es ist immer ein Anreiz, wenn man für das, was man tut, belohnt wird», sagt sie in der Sprache der Verhaltensforscher. Dann wechselt sie in den Jargon der Sozialreformer und fügt hinzu: «Es ist ein viel größerer Anreiz für eine Katze, wenn sie ein Rascheln im Gras hört und dann zum Sprung ansetzt und eine Maus fängt, als wenn ihre Mutter ihr eine tote Maus vor die Nase legt.» Mit einem Wort, es verschafft eine gewisse emotionale Befriedigung, wenn man etwas gut macht und dafür belohnt wird.

Während die Prinzipien der operanten Konditionierung langweilig und mechanistisch erscheinen mögen, ist die Begeisterung der Tiere, die trainiert werden, sehr greifbar und real. Max und Patty, die beiden Elefanten, die im Bronx Zoo Verstecken spielen, geraten ganz außer sich, wenn es auf der Suche nach dem versteckten Gegenstand langsam «wärmer» wird. Lou Hermans Delphine

Akeakemai und Phoenix kommen aufgeregt durchs Wasser zu ihrem Trainer zurückgeschossen, wenn sie etwas richtig gemacht haben. Haben sie einen Fehler gemacht, lassen sie ihre Frustration bisweilen an den Gegenständen aus, die sie hätten identifizieren oder bewegen sollen, und sie schlagen auf einen Reifen oder ein Körbchen ein, als sei dort die Schuld für ihren Fehler zu suchen.

Aber wenn man sich ausschließlich auf die materiellen Belohnungen konzentriert, übersieht man das eigentlich Wichtige. Diese Tiere wissen, dass sie zu fressen bekommen werden. Für viele Tiere in Gefangenschaft ist die eigentliche Belohnung das Spiel selbst – und ich möchte hinzufügen, dass die Empfindungen und der Spaß, den die Menschen bei diesen Spielen haben, sich in einem gewissen Maß bei den beteiligten Tieren widerspiegelt.

# Sie verstand keine Menschensprache, er keine Gorillasprache

## *Handel und Wandel*

Falls in diesem Punkt jemals Zweifel bestanden haben sollten, haben die achtziger und neunziger Jahre die Bedeutung von Geld, Handel und Wandel in der modernen materialistischen Kultur unübersehbar werden lassen. Tatsächlich hat in jüngster Zeit der Tanz um den Mammon andere Aspekte der menschlichen Natur in einem Ausmaß überlagert, das das Geld beinahe als definierendes Attribut der menschlichen Kultur erscheinen lässt. Allzu leicht vergessen wir, dass der Homo sapiens schon viele zehntausend Jahre existierte, bevor die Notwendigkeit, Nahrungsmittel zu lagern, zur Entwicklung des Bank- und Marktwesens führte. Nun ist es zwar sehr unwahrscheinlich, dass Wissenschaftler jemals über einen Stamm von Schimpansen stolpern werden, die Termingeschäfte in Bananen abschließen; in Gefangenschaft hingegen erweisen sich verschiedene Tiere als begeisterte Händler. Einige davon scheinen das Konzept von Geld und Ersparnissen begriffen zu haben, und manche erreichen gar ein solches Niveau, dass sie offensichtlich die Prinzipien von Inflation und Banknotenfälschung begriffen haben, ganz zu schweigen von Erpressung und Diebstahl.

In freier Wildbahn zeigen einige Arten ein Verhalten, das an Vorläufer der Konsumgesellschaft denken lässt. Eichhörnchen und eine Reihe anderer Tiere lagern Nahrungsmittel. In Schimpansenkolonien ist beobachtet worden, dass Männchen Nahrungsmittel gegen

Sex tauschen, und es gibt sogar Fälle von aufwendigem Konsum aus Prestigegründen sowie Kleptomanie. Hyänen zum Beispiel beobachten die Gewohnheiten von Menschen, um den besten Zeitpunkt zu ermitteln, zu dem man Nahrungsmittel stehlen kann, aber sie stehlen auch Dinge, mit denen Hyänen, soweit bekannt ist, gar nichts anfangen können. Wissenschaftler haben in Hyänenhöhlen schon Schnellkochtöpfe und Ferngläser gefunden.

Ein Großteil der protoökonomischen Aktivitäten, die in freier Wildbahn beobachtet wurden, setzt kein Bewusstsein voraus. Das Eichhörnchen, das Nüsse für den Winter hortet, braucht nichts von Diskontsätzen oder Opportunitätskosten zu wissen. Das regelt im Laufe von Äonen die Natur für das Eichhörnchen, und sie chiffriert die Ergebnisse in den Genen des Tieres. Ein Großteil des Teilens, Schenkens und Handelns in freier Wildbahn lässt sich erklären, ohne dazu die Existenz eines Bewusstseins annehmen zu müssen. In Gefangenschaft dagegen gibt es eine Flut von Beweisen dafür, dass die höher entwickelten Tiere schnell die grundlegenden Ideen eines jeden Wirtschaftssystems erlernen.

Tiere, deren Leben von Menschen beherrscht wird, müssen bis zu einem gewissen Ausmaß zu deren Schülern werden. Insbesondere die großen Menschenaffen sind äußerst empfänglich für Veränderungen im Machtgleichgewicht einer jeden sozialen Situation, vor allem, wenn die Umstände sich auf eine Weise verändern, die den Tieren kurzfristig die Chance gibt, die Oberhand zu gewinnen. Eine solche Möglichkeit bietet sich, wenn etwas in ihr Gehege rollt oder dort vergessen wird. Die welterfahrenen Tiere wissen, dass es so etwas wie materielle Werte gibt, insbesondere, wenn sie sich als «ich habe etwas, das du haben willst» definieren lassen. Sobald die Tiere etwas in ihren Besitz gebracht haben, das ein Mensch haben will, verlagert sich das Machtgleichgewicht, und Gorillas, Orang-Utans und eine ganze Reihe anderer Tiere sind sich nicht zu schade, solche Situationen nach Kräften auszunutzen.

Charlene Jendry im Zoo von Columbus meint, eingesperrte Affen entwickelten ein kaufmännisches Gespür dafür, zu erkennen, was der Markt hergibt, wenn sie etwas in die Hände bekommen, das ein Mensch ihnen nicht überlassen möchte. Einmal kam ein freiwilliger Helfer zu Jendry und sagte: «Colo hat einem der Kinder etwas weggenommen und gibt es nicht mehr her.» Charlene ging zu dem Gehege hinüber, konnte aber nicht sehen, was Colo in der Hand hatte. Charlene bot Colo ein paar Erdnüsse an, was ihr jedoch lediglich einen ausdruckslosen Blick eintrug. Als Charlene klar wurde, dass sie in eine Verhandlung eingetreten waren, erhöhte sie den Einsatz: ein Stück Ananas. An dieser Stelle riskierte Colo es, sein Blatt zu zeigen, und ohne Augenkontakt zu Charlene herzustellen, öffnete er die Hand und zeigte ihr, dass er eine Schlüsselkette ergattert hatte. Sein ganzes Gehabe erinnerte an einen Hehler, der einem potentiellen Kunden auf der Straße verstohlen seine Ware zeigte.

Erleichtert, dass es sich nicht um etwas besonders Gefährliches oder Wertvolles handelte, gab Charlene Colo das Stück Ananas. Als gerissener Geschäftsmann riss Colo daraufhin die Schlüsselkette entzwei und gab Charlene ein Stück davon, was deutlich besagte: «Warum soll ich dir das ganze Ding geben, wenn ich für jedes einzelne Teil ein Stück Ananas bekommen kann?» Da es ihr nicht wichtig genug war, verzichtete Charlene auf die beängstigend schwierige Arbeit, den Gorilla davon zu überzeugen, dass die Schlüsselkette in unversehrtem Zustand wertvoller war.

Colo hatte also gelernt, seine Verhandlungsbasis zu verbessern, indem er seine Schätze stückweise herausrückte, aber er war noch nicht ganz dahinter gekommen, dass Wert etwas Relatives ist, dass manche Dinge für Menschen im Ganzen wertvoller sind als in einzelnen Teilen. Bei einer anderen Gelegenheit bekam er einen Plastikbecher zu fassen, den Charlene zurückhaben wollte, und er riss den Becher entzwei und tauschte ihn abermals Stück um Stück gegen Leckerbissen ein.

Kyle Burks, früher beschäftigt beim ZooAtlanta und jetzt in Disney's Animal Kingdom, erzählt, im ZooAtlanta habe es mehrere Handel treibende Gorillas gegeben, von denen es aber keiner an Raffinesse mit Ivan habe aufnehmen können. Dieser Gorilla bekam seine Mahlzeiten durch den Maschendraht. Er streckte die Hand aus, nahm das Futter und machte sich dann, wie viele Kinder es tun, daran, alles zu verzehren bis auf die grünen Bohnen. Diese sammelte er und versuchte anschließend, sie bei den Tierpflegern gegen Trauben einzutauschen.

Ivan begegnete erst mit fast dreißig Jahren zum ersten Mal einem anderen Gorilla. Er war in Tacoma, Washington, bei einer Menschenfamilie aufgewachsen, bis er mit fünf oder sechs Jahren begonnen hatte, deren Haus zu zertrümmern. In diesen früheren Jahren hatte er gelernt, mit Messer und Gabel zu essen und hinter sich aufzuräumen. «Geben Sie ihm einen Lappen, und er fängt gleich an aufzuwischen», erinnert sich Burks. «Wir konnten ihn fast dazu bewegen, den Käfig zu säubern, indem wir auf Bananenschalen und andere Abfälle zeigten und ihn baten, sie uns zu bringen.» Ivan ist immer noch so penibel in seinen Gewohnheiten, dass er sich aus Heuklumpen Pantoffeln anfertigt, damit er keine nassen Füße bekommt, wenn der Boden nach dem Putzen feucht ist. Wie dem auch sei, Ivan lernte, lange bevor er andere Gorillas traf, zu handeln, ein Umstand, der zu einer Reihe unglücklicher Begegnungen führte, als er schließlich mit anderen Mitgliedern seiner Art konfrontiert wurde.

«Er wusste nicht, dass die Geschäftsregeln, die er bei den Menschen aufgeschnappt hatte, sich nicht auf Gorillas anwenden ließen», sagt Burks. Ivan schäumte vor Wut, als er einem Gorillaweibchen eine Frisbeescheibe gab, höchstwahrscheinlich in Erwartung einer Gegenleistung, das Weibchen die Frisbeescheibe stattdessen auffraß. Das war nur eins von vielen Missverständnissen, die er mit seinen Artgenossen erlebte. Einmal streckte er die Zunge durch den Maschendraht, um das Weibchen zu küssen, und sie boxte dagegen. Daraufhin wurde Ivan, wie Burks sich ausdrückt, «zum Berserker». Die Gorilladame streckte daraufhin die Hand aus, eine typische Geste der Versöhnung dieser Tiere, aber der arme Ivan, der mit dieser speziellen Geste nicht vertraut war, boxte seinerseits ihre Hand weg, woraufhin nun das Weibchen einen Wutanfall bekam. «Das Problem», meint Burks, «war sehr einfach: Sie verstand keine Menschensprache, er keine Gorillasprache.»

Auch Orang-Utans sind in puncto Handel ziemlich auf Draht. Helen Shewman vom Woodland Park Zoo erzählt, dass sie sogar das Wort *Handel* kennen. Tawan, das tonangebende Männchen, ersann seine eigene Methode, Tauschgeschäfte stückweise zu betreiben. Einmal bekam er einen Schlauch zu fassen und erlaubte Helen, ihn Zentimeter für Zentimeter zurückzuziehen, als Gegenleistung für Erdnüsse. Als er am Ende des Schlauchs angelangt war, schien er zu begreifen, dass seine Goldgrube gleich versiegen würde, und so griff er zu dem simplen Trick, den ganzen Schlauch wieder zurück in den Käfig zu ziehen, um die Verhandlungen von neuem zu beginnen.

Manchmal gewinnt der Wunsch, über andere zu triumphieren, die Oberhand über die angeborenen kaufmännischen Instinkte eines Orang-Utans. So hatte Helen zum Beispiel einmal einen Tupperware-Behälter voller Smarties in Tawans Käfig stehen gelassen. Tawan griff nach der Dose, kam an die Gitterstäbe und zog das Behältnis mit einer schwungvollen Gebärde hinter dem Rücken vor. «Es war, als wolle er sagen: ‹Hoppla, sieh mal, was du vergessen hast!›», erzählt Helen. Damit auch kein Zweifel an seiner Meinung aufkam, nahm er den Deckel ab, schüttete sich die Hälfte der Smarties in den Mund und warf die Dose dann lässig über die Schulter. Es ist durchaus möglich, dass Tawan eine Kosten-Nutzen-Berechnung angestellt hatte und zu dem Schluss gelangt war, dass die Freude, Helen eine lange Nase zu machen, und der Genuss einer halben Dose Smarties ihm mehr bedeutete als alles, was sie ihm vielleicht im Gegenzug anbieten würde.

Es sollte noch erwähnt werden, dass Tawan auch überaus großzügig sein konnte. Wenn er Violet Sunde rauchen sah (es ist erstaunlich, wie viele Tierpfleger rauchen), nahm er sich manchmal ein Stück Papier, gab etwas Heu hinein und versuchte, das Ganze mit einem Grashalm zusammenzubinden (Orang-Utans sind begabte Knotenschürzer). Dann hielt er sich seine selbst gebastelte Zigarette an die Lippen, und wenn sich Violet schließlich näherte, kam er Purzelbäume schlagend herbei, um sie ihr zu schenken.

Überdies war Tawan auch großer Zärtlichkeit fähig. Als einmal ein Opossumbaby in seinen Käfig kroch, hob Tawan es am Schwanz hoch. Libby Lawson, die Pflegerin, die gerade Dienst hatte, befürchtete das Schlimmste – eine grauenvolle Zerfleischung vor den Augen der Schulkinder vor dem Gehege, damit Tawan das Opossum in Einzelteilen gegen Futter eintauschte –, daher holte sie sich einige besondere Leckerbissen, um die Rückgabe des Opossums in einem Stück zu erbitten. Ihre Befürchtungen erwiesen sich als unbegründet. Obwohl das Baby ihn biss, ließ Tawan es nicht los, ebenso wenig wie er den anderen neugierigen Orang-Utans gestattete, das Kind auch nur anzurühren. Stattdessen brachte er es an den Rand des Geheges und überreichte es unversehrt der immens erleichterten Libby.

Im Gegensatz zu Colo schien Tawan die Vollständigkeit unbelebter Gegenstände zu respektieren, die für Menschen so wertvoll ist. Einmal merkte Helen erst, dass sie ihr Funkgerät im Gehege vergessen hatte, als sie sah, wie Tawan es untersuchte. Er zog vorsichtig die Antenne heraus und drückte sie dann wieder hinein. Schließlich hielt er sich das Gerät ans Ohr und versuchte, es auf dieselbe Weise zu benutzen wie Helen, obwohl er nicht herausbekam, wie es funktionierte. Helen stellte sich lachend vor, wie er seine Forderungen übermittelte: «Ich habe Helen als Geisel genommen. Ich will zweihundert Pfund Bananen und ein Schiff nach Indonesien.»

Mike Yznaga, ein Orang-Utan-Pfleger, der früher im Topeka Zoo arbeitete, berichtet von den Orang-Utans ebenfalls, dass sie eingefleischte Händler seien. Auch die Orang-Utans kamen darauf, dass sie, wenn ein Pfleger drei Schlüssel fallen ließ, in jedem Falle besser beraten waren, sie einzeln herauszugeben, als sich auf eine Belohnung für das Ganze einzulassen. Sehr zum Nachteil der rangniedrigeren Affen schienen die dominanten (tonangebenden) Männchen und Weibchen ihre Geschäftsmethoden von der Mafia gelernt zu haben. Sie agierten als selbst ernannte Verkaufsleiter; ganz gleich, welcher Orang-Utan einen für ein Tauschgeschäft geeigneten Gegenstand fand, Jonathan oder Patty brachten ihn entweder mit Gewalt oder durch Drohungen in ihren Besitz und gingen dann damit zu den Pflegern, um zu sehen, was der Markt an diesem Tag gerade hergab.

Wenn die Pfleger nicht versehentlich irgendwelche Schlüssel fallen ließen, so erinnert sich Geoff Creswell, der mit Yznaga zusammengearbeitet hat, griffen die Orang-Utans zu der Methode, sie zu stehlen, damit sie etwas zum Handeln hatten. «Im Gegensatz zu Schimpansen, die jedes Mal, wenn man vorbeikommt, versuchen, einem die Schlüssel zu stehlen», erzählt Creswell, «unternimmt ein Orang-Utan einen solchen Versuch nur dann, wenn er sicher ist, dass er Erfolg haben wird.» Meistens tauschten die Affen die Schlüssel dann gegen Trauben ein. In den seltenen Fällen, in denen sie ein solches Geschäft ausschlugen, und wenn die Schlüssel benötigt wurden, drohte Geoff oder einer der anderen Pfleger ihnen, sie mit einem Schlauch nass zu spritzen. Geoff erinnert sich mit großer Zuneigung an eine wahre Rebellin, die mitten durch einen Wasserstrahl ging und an den Gitterstäben rüttelte, die Geoff von ihr trennten. Dann fand sie wohl, genug sei genug, und sie warf Creswell die Schlüssel hin. Danach brauchte Geoff nur noch zu sagen: «Ich gehe den Schlauch holen», und sie gab ihre Diebesbeute prompt zurück.

Einige Tiere haben auch ausgeknobelt, wie sie in Ermangelung von Tauschobjekten ihr Ziel erreichen können: indem sie sich den Wünschen ihrer Pfleger widersetzen – durch Erpressung also. Bevor die Gorillas aus dem Bronx Zoo in New York in ihr neues Heim im Congo Gorilla Forest umzogen, hatte einer ihrer Pfleger die Angewohnheit, sie in ihren Käfig zurückzulocken, nachdem sie eine gewisse Zeit draußen verbracht hatten. Er rief dann einem anderen Pfleger zu: «Mach die Tür zu!», woraufhin dieser das Tor zwischen dem Innen- und dem Außengehege schloss. Denise Smith, eine leitende Wildtierpflegerin des Zoos, erzählt, dass Orphanita, ein ausgewachsenes Weibchen, dahinterkam, was «mach die Tür zu» bedeutete. Wann immer sie diese Worte hörte, kam sie herbeigelaufen und versperrte das Tor, so dass man es nicht schließen konnte. «Das Ergebnis war eine absolut lächerliche Situation, in der eine ganze Traube von Menschen versuchte, diesen Gorilla mit Bananen zu bestechen, damit er in den Innenkäfig kam.» Denise' Lösung für diesen Fall war die Zuflucht zu Kodewörtern wie: «Die dicke Dame singt», oder sie sagte höchst beiläufig und im Gesprächston: «Bitte, mach die Tür zu», um den Gorilla an der Nase herumzuführen. (Was darauf schließen lässt, dass Orphanita eher auf den Tonfall und den Kontext reagierte, als dass sie die eigentlichen Wörter der Pfleger verstand.)

Es gibt Beweise, dass Affen das Prinzip der Bestechung in beide Richtungen beherrschen; sie lassen sich nicht nur bestechen, sie bestechen auch andere. Hugh Bailey, der jetzt im Woodland Park Zoo beschäftigt ist, hat vorher mit Gorillas im Zoo von Dallas gearbeitet. Damals war der Zoo gerade dabei, Fubo und Demba, ein Gorillapärchen, zu verlegen. In ihrem neuen Zuhause weigerte Demba sich jedoch, das Innengehege zu verlassen. Nachdem das einige Tage so gegangen war, kam Fubo aus dem Außengehege mit einer Orange in der Hand zurück. Er legte die Orange vor Demba hin und ging dann wieder ins Freie. Hughs Kommentar dazu: «Es war uns klar, dass er ihr die Orange mit einer bestimmten Absicht gebracht hatte.» Die Botschaft schien zu lauten: «Was braucht es, um dich nach draußen zu locken?»

Es gibt auch Beweise dafür, dass Schimpansen, Orang-Utans und sogar einige nicht zu den Menschenaffen zählende Affenarten imstande sind, sich vom Tauschhandel in das abstraktere Gebiet der Geldgeschäfte vorzuarbeiten. Hal Markowitz ist einer der Pioniere bei Versuchen, das Leben eingesperrter Tiere zu «bereichern» (was im Wesentlichen bedeutet, dass er es anregender und interessanter gestalten möchte). Während seiner Tätigkeit im Zoo von London in den siebziger Jahren stellte Markowitz im Gehege der Diana-Meerkatzen einen Automaten mit Plastikmünzen auf. Die Affen konnten Münzen aus dem Gerät ziehen und sie für einen anderen Automaten benutzen, aus dem Nahrungsmittel kamen. Die Diana-Meerkatzen legten in der Art, wie sie diese Münzen verwendeten, sowohl bankerisches Geschick als auch einige sehr liebenswerte Charakterzüge an den Tag. Einige von ihnen horteten die Münzen, was ihre Bereitschaft zeigte, auf eine Belohnung zu warten, statt sie sofort einzufordern – das Kernstück puritanischer Ethik, mit dem viele Menschen so ihre Probleme haben. Die Affen benutzten die Münzen nicht, um für andere Artgenossen Essen zu beschaffen, aber einer von ihnen verwaltete zum Beispiel die Plastikscheiben für seine Mutter, die wie viele altmodische Mütter nie verstanden hatte, wie diese neuartigen Apparate funktionierten.

Fast alle Tiere sind bereit, für eine Belohnung etwas zu tun, und einige begreifen sogar fast, was sich hinter dem Konzept der Dienstleistung verbirgt. David John Shepherdson, ein Berater für Maßnahmen zur Bereicherung des Tierlebens, erzählt von Charlie, einem Schimpansenmännchen im Zoo von Portland. Charlie pflegte die Schimpansenweibchen zusammenzutreiben und sie als Gegenleistung für eine Belohnung aus ihrem Außengehege zu führen. Der nächste Schritt besteht natürlich darin, zu ermitteln, ob ein Tier bereit ist, für Geld zu arbeiten, das es später für Leckerbissen ausgeben kann.

Es erweist sich, dass zumindest Affen die Vorstellung, für Löhne zu arbeiten, mit großer Begeisterung annehmen. Chantek sammelte während seiner Jahre an der University of Tennnessee Erfahrungen mit Geld und Löhnen wie auch mit der Zeichensprache. Im Zuge ihrer Langzeitstudie filmte Lyn Miles Chantek, während er seinen aus hundertfünfzig Zeichen bestehenden Wortschatz auf verschiedene Weise anwandte. Eine dieser Episoden zeigt Chantek, wie er die Zeichen «gehen, fahren» macht, weil er im Auto mitgenommen werden wollte. Lyn antwortet ihm mit Zeichensprache, dass er zuerst Geld brauche. Das veranlasst Chantek, das «Geld» zu holen, das er sich zuvor mit der Säuberung seines Käfigs verdient hatte. Sobald er die Fahrt bezahlt hatte, machten die beiden sich auf den Weg zu Lyns Auto.

Chanteks Verständnis für die Geldwirtschaft scheint weit über simple Transaktionen hinausgegangen zu sein und sich sogar auf so raffinierte, wenn auch moralisch zweifelhafte Konzepte wie Inflation und Geldfälschung erstreckt zu haben. Lyn benutzte anfangs

Pokerchips als Währung, aber Chantek kam dahinter, dass er seinen Geldvorrat vergrößern konnte, indem er die Chips entzweibrach. Als Lyn dazu überging, Dichtungsscheiben zu benutzen, begann Chantek, Aluminiumfolie zu sammeln, und versuchte, daraus Unterlegscheiben herzustellen, die er anstelle der echten Scheiben verwenden konnte.

Er erlernte im Übrigen auch die anerkennenswerteren Verwendungen von Geld wie das Sparen und die Verwendung für wohltätige Zwecke. Lyn hatte während ihrer Zeit in Yale eine Kommilitonin, die eine Rockefeller war, also einer Familie angehörte, die das eine oder andere über den Umgang mit Geld weiß. Diese Kommilitonin machte Miles gegenüber einmal eine Bemerkung über ihre Erziehung in puncto Geld. Sie erzählte Lyn, dass man ihr bei Familientreffen mit ihren Vettern und Cousinen in ihrer Kindheit zugeredet habe, zehn Prozent ihres Taschengeldes zu sparen, zehn Prozent für wohltätige Zwecke zu spenden und den Rest auszugeben. Lyn fand, dass ein Prinzip, das für die Rockefellers gut war, vielleicht auch bei einem Orang-Utan funktionieren würde, und sie begann, Chantek zum Sparen zu ermutigen.

Ich konnte Chantek selbst dabei beobachten, wie er sein Geldsystem benutzte, als ich ihn im Zoo Atlanta besuchte, wo er jetzt lebt. Lyn brachte einen Korb voller Früchte und Gemüse zu seinem Käfig sowie einen Becher mit Unterlegscheiben. Nach dem Austausch einiger Grußformeln fragte Lyn Chantek: «Wo Geld?» Er antwortete in Zeichensprache: «In Becher.» Dann bat Chantek um Geld, und Lyn sagte: «Zuerst musst du arbeiten.» Sie forderte ihn auf, einen Knoten zu machen. Chantek sah sich in seinem Käfig nach einer Schnur um, kam aber mit leeren Händen zurück. Also gab Lyn ihm eine Schnur, die ihr die Pflegerin Laura Mayo besorgt hatte. Mit Hilfe von Lippen und Fingern schlang Chantek die Schnur um den Maschendraht seines Käfigs und zog sie mit einem einfachen Knoten fest. Für diese Leistung bekam er zwei Münzen, von denen er eine für eine Tomate ausgab. So ging es weiter – Chantek verdiente sich seinen Lohn, machte Tauschgeschäfte und gab Geld aus, bis er nur noch eine einzige Münze hatte. Er bat um eine weitere Tomate, und Lyn verlangte Geld als Bezahlung. Konfrontiert mit einem Cash-flow-Problem, zögerte Chantek sichtlich, da es ihm widerstrebte, den letzten Rest seiner Ersparnisse herzugeben. Ganz wie ein Verfechter der freien Marktwirtschaft reagierte Lyn, indem sie Chantek aufforderte, mehr Geld zu verdienen.

Daraufhin spielten sie eine Runde «Simon sagt». Bei dem Spiel machte Lyn eine Geste und bezahlte Chantek, wenn er diese Geste korrekt nachahmte. Als Lyn einen Strohhalm durch ein Stück Papier bohrte, nahm Chantek das Papier entgegen und schob mit Hilfe seiner Lippen den steifen Grashalm hindurch. Dann beschloss Lyn, etwas Neues auszuprobieren. Sie sagte zu Chantek: «Simon sagt, tu, was Eugene tut.» Ich griff mein Stichwort auf, erhob mich und zeichnete mit beiden Armen einen großen Kreis in die Luft. Chantek, der sich auf einen Ellbogen stützte und mich mit einer Mischung aus Neugier und Abneigung musterte, machte mit seinem freien Arm eine abschätzige, halbherzige Bewegung, die einen Halbkreis andeutete. Lyn gab ihrer Unzufriedenheit darüber Ausdruck. Da er dringend Geld brauchte, hievte Chantek sich hoch und zeichnete dann mit seinen gewaltigen Armen einen riesigen Kreis in die Luft.

Ich habe nichts gesehen, was darauf schließen ließ, dass Chantek zehn Prozent seiner Einnahmen für wohltätige Zwecke spendete, aber der Orang-Utan hat mir auf eine Weise seine Vorstellung vom Prinzip des Teilens demonstriert, die einen Raubritter vor Neid erblassen ließe. Als Lyn Chantek einige Trauben gab und ihn bat, sie mit ihr zu teilen, verzehrte Chantek prompt sämtliche Früchte. Dann erinnerte er sich anscheinend, dass man ihn zum Teilen aufgefordert hatte, denn er überreichte Lyn den nunmehr kahlen Stängel.

Tiere scheinen auch zu begreifen, dass Belohnungen gegeben wie empfangen werden können. Vor einigen Jahren gab die Delphinspezialistin Karen Pryor, die später Zooberaterin für operante Konditionierung wurde, dem Personal des Nationalzoos Anweisung, auf welche Weise Nahrungsmittel im Training als Belohnung einzusetzen seien. Wie sie in ihrem Buch *On Behavior* («Verhalten») berichtet, gehörte Melanie Bond zu den Tierpflegern, die ihre Techniken übernahmen. Melanie Bond, die jetzt mit Robert Shumaker arbeitet, brachte als Erstes dem jungen Orang-Utan Junior bei, seinen Käfig zu säubern, um im Gegenzug mit ihrer Pfeife spielen zu dürfen (ein Gegenstand, den Orang-Utans einfach faszinierend finden). Dann ging sie dazu über, Essen als Belohnung zu benutzen, um einen Schimpansen namens Ham aus seiner Lethargie zu reißen.

Ham hatte sich in den fünfziger Jahren als Pionier der Weltraumfahrt einigen Ruhm erworben. Er war an Bord einer Mercury-Redstone-Rakete erfolgreich zweihundertfünfzig Kilometer weit in den Weltraum hinausgeflogen, und die Tatsache, dass er lebendig zurückkam, bekräftigte die Zuversicht, dass Menschen die Härten eines solchen Fluges ebenfalls überleben konnten. Melanie holte Ham aus seinem Schneckenhaus, indem sie ihn für verschiedene Tätigkeiten belohnte, und er begriff sehr schnell die Grundlagen dieses Handels. Er schien auch das Element der Gegenseitigkeit zu begreifen, ebenso wie das Prinzip der Verstärkung. Einmal, so Pryor, sah er, dass Melanie die Tür zu seinem Außengehege öffnete, und er belohnte sie dafür mit einem Stück Sellerie. Vielleicht ahmte er nur nach, was sie für gewöhnlich in solchen Situationen tat – vielleicht dachte er jedoch auch, dass er sie mit genug Sellerie vielleicht dazu bringen konnte, die Tür häufiger zu öffnen.

Kanzi, ein Bonobo, der im Georgia State University Language Research Center an einem langfristigen Sprachexperiment von Sue Savage-Rumbaugh teilnahm, konnte sich ebenfalls etwas nebenbei verdienen, wenn er seine Übungen zufriedenstellend absolvierte. Ich hatte einmal Gelegenheit, Rose Sevcik bei Wortschatzübungen mit dem Zwergschimpansen zu beobachten. Wenn er Eier korrekt zu identifizieren vermochte, gab Rose ihm «Geld» in Form einer Scheibe. Daraufhin benutzte er sein Geld, um sich eine Orange zu kaufen. Die korrekte Identifizierung von Klee trug ihm eine weitere Scheibe ein. Diesmal kaufte er sich ein paar Rosinen.

Da Affen ebenso wie Grundstücksmakler in der Lage zu sein scheinen zu begreifen, dass sie mehr Geld verdienen können, indem sie etwas stückweise abgeben, lohnt es sich, einmal darüber nachzudenken, zu welchen mathematischen Leistungen verschiedene Tiere imstande sind. Tetsuro Matsuzawa vom Institut für Primatenforschung der Universität Kyoto brachte einem Schimpansenweibchen namens Ai bei, arabische Ziffern zu unterscheiden. Dahinter steckte die Frage, ob die Schimpansin ohne Hilfestellung die Ziffern auf widerspruchsfreie Weise benutzen würde, was ein Beweis für im Ansatz vorhandene syntaktische Fähigkeiten gewesen wäre.

Als ich Ai zu Anfang der neunziger Jahre kennen lernte, war sie in der Lage festzustellen, wie viele Punkte auf einem Bildschirm zu sehen waren. Das funktionierte folgendermaßen: Matsuzawa zeigte Ai zwei willkürliche Ansammlungen von Punkten auf einem Bildschirm, und die Schimpansin musste dann die dazugehörige Ziffer für eine solche Anordnung auswählen. Als ich Ai kennen lernte, versuchte Matsuzawa gerade, ihr die Zahl zehn beizubringen, was für das Tierreich ein Rekord gewesen wäre, zumindest in offiziellen Studien.

Es wurden noch mit anderen Arten zahlreiche Experimente durchgeführt. In den vierziger und fünfziger Jahren brachten verschiedene Experimentatoren Krähen bei, zwischen Zahlen bis acht zu unterscheiden. Irene Pepperberg hat den Papagei Alex gelehrt, Zahlen bis sechs korrekt zuzuordnen. Sie zeigt Alex zu diesem Zweck eine willkürliche Ansammlung von Gegenständen – etwa sechs rote Holzstücke, vier grüne Bälle und fünf grüne Holzstücke. Dann fragt sie ihn: «Wie viele rote Holzstücke?» Sehr häufig gibt Alex die richtige Antwort, indem er mit seiner süßen Kinderstimme «sechs» sagt. Als ich Irene 1999 in Denver traf, war Alex über die Zahl sechs noch nicht hinausgekommen.

Alex hat Zahlen gelernt, indem er sich Ansammlungen von Gegenständen ansah. Er kann die Anzahl von ähnlichen Gegenständen inmitten der verschiedensten Dinge korrekt angeben; diese Fähigkeit ist beeindruckend. Noch beeindruckender wäre es, wenn Alex ohne Zuhilfenahme von Gegenständen angeben könnte, dass sechs größer ist als fünf oder dass man, wenn man drei grüne und zwei rote Hölzer zusammenlegt, eine größere Anzahl an Hölzern hat als die vier Bälle. Aber so weit ist er bisher noch nicht gekommen.

Es ist sicher nicht weiter überraschend, dass selbst die intelligentesten Tiere Schwierigkeiten mit mehrstelligen Zahlen haben. Man hat die Mathematik als die Sprache des Geistes bezeichnet, und das Kopfrechnen verlangt dem Gedächtnis wie der Konzentrationsfähigkeit eines Menschen einiges ab. Ai konnte sich blitzschnell für die richtige Antwort entscheiden, aber das heißt nicht zwangsläufig, dass Tetsuro Matsuzawa bei ihr mathematische Fähigkeiten nachgewiesen hätte – seien es schlummernde, seien es in freier Wildbahn bereits benutzte. Marc Hauser, der an der Harvard University das Bewusstsein bei Tieren erforscht, weist darauf hin, dass es für Ai genauso schwer war, den Unterschied zwischen vier und fünf zu ermitteln wie den zwischen zwei und drei. Menschliche Kinder «kapieren» das Prinzip der Zahlen in der Regel, nachdem sie die ersten Ziffern verstanden haben, und ihre Lernkurve steigt erheblich steiler an. Ai lernt Zahlen, das steht fest, aber laut Hauser lässt die Mühsal, mit der die Schimpansin sich die Zahlen angeeignet hat, darauf schließen, dass ihre innere Repräsentation dieser Zahlen sich höchstwahrscheinlich von der der Menschen unterscheidet.

Die Natur hat uns so ausgestattet, dass wir mit Zahlen jonglieren können und Ähnliches, aber diese beachtlichen menschlichen Fähigkeiten sind möglicherweise in einer eingeschränkteren Form auch unseren engsten Verwandten gegeben und einigen anderen höher entwickelten Säugetieren. Frans de Waal vermutet in seinem Buch *Der gute Affe: Der Ursprung von Recht und Unrecht bei Menschen und Tieren*, dass das Handeln, Teilen und Schenken in Gefangenschaft bei solchen Tieren wahrscheinlicher ist, die dergleichen auch in freier Wildbahn tun. Andere Aspekte der Geldwirtschaft scheinen ebenfalls Vorläufer in der Wildnis zu haben.

Das ergibt zwar Sinn, ist aber noch nicht alles. Orang-Utans, die in der Wildnis nicht annähernd so häufig Tauschgeschäfte betreiben wie Schimpansen, erweisen sich in Gefangenschaft als begabte Händler. Erwarten Sie bitte nicht, in naher Zukunft einen Orang-Utan zu sehen, der an der Wall Street mit Termingeschäften handelt, aber auf dem primitiven Basar des Zooalltags wissen diese Affen sich sehr wohl zu behaupten.

# Niedertracht! Heimtücke!

## *Lug und Trug*

> Ein Prinz, der einmal König werden will, sollte sich um alle guten Eigenschaften und um Mitgefühl bemühen. Aber er sollte auch bereit sein, in seinem eigenen Interesse zu handeln, wenn die Gegebenheiten es erfordern.
>
> Machiavelli, *Der Fürst*

Wann immer uns Akte von menschlicher Grausamkeit, Habgier, Bestechlichkeit oder Betrug zum Misanthropen zu machen drohen, wenden wir uns gern den Tieren zu und sehen sie im Lichte einer gewissen moralischen Überlegenheit über die Menschen, diese gefallenen Geschöpfe, die von der verbotenen Frucht gekostet haben. *Unschuld* ist das Wort, das am häufigsten auf Tiere angewandt wird und das eine Arglosigkeit impliziert, die sie veranlasse, stets ihre wahren Gefühle zu offenbaren. Wie oft haben wir nicht einen Tiertrainer oder einen Haustierguru sagen hören: «Ein Tier wird nie versuchen, dich zu betrügen.»

Da bin ich anderer Meinung.

Offensichtlich sind diese Trainer oder andere Schwärmer nie den Orang-Utans und Gorillas im Woodland Park Zoo begegnet, die lügen, wenn man sie fragt, ob sie ihren Nachmittagsimbiss bekommen haben, oder Alex, dem Papagei, der Irene Pepperberg oft genug mit List verleitet hat, in seine Nähe zu kommen, nur um sie beißen zu können. Sie kennen auch meine Katze Junior nicht, die immer so tut, als sei sie nicht gefüttert worden, auch wenn das Gegenteil der Fall ist. Zu ihrer Verteidigung sei angeführt, dass den Tieren ihr Ruf als Wahrer der Moral einfach nicht zukommt. Ich sage «zu ihrer Verteidigung», weil die raffinierteren Formen des Betrugs Bewusstsein erfordern, eine Wahrnehmung des Gemütszustandes anderer und die planerischen Fähigkeiten für eine ausgeklügelte Intrige. Kurzum, wenn einige Tiere über höhere geistige Fähigkeiten verfügen, sollten sie auch imstande sein, diese höheren Fähigkeiten zu niederen Zwecken einzusetzen. Die Tierwelt ist weit davon entfernt, ein unschuldiges Reich der Aufrichtigkeit zu sein, im Gegenteil, es wimmelt dort nur so von Hochstaplern, betrügerischen Ränkeschmieden und Heuchlern. Das Spektrum der Täuschungsmanöver reicht von irreführenden Signalen, die die blinden Kräfte der Evolution hervorgebracht haben, bis hin zu Gaunereien, die einem Tier etwa jene Art von geistigem Schach abverlangen, wie Spione es spielen, wenn sie ihre Gegner zu falschen Schlussfolgerungen verleiten wollen. Rob Shumaker erinnert sich an ein Gorillaweibchen im Nationalzoo, das in Bezug auf verschiedene Tierpfleger starke Gefühle entwickelte. Pflegern gegenüber, die sie mochte, zeigte sie sich loyal, aber sie konnte sehr aggressiv werden bei solchen, die ihr nicht sympathisch waren. Einmal kam sie beiläufig zu dem Maschendraht herüberspaziert, der sie von einem Pfleger trennte, der sich nicht ihres Wohlwollens erfreute. Sie winkte den Mann mit einer entsprechenden Geste zu sich. Als der Pfleger in ihrer Reichweite war, zog sie plötzlich einen Stock hervor, den sie hinter dem Rücken versteckt hatte, und versuchte, den Mann damit aufzuspießen.

Im Zoo von Atlanta haben die Gorillas ähnliche Strategien entwickelt. So schieben sie zum Beispiel einen Arm durch die Gitterstäbe, um nach jemandem zu greifen, und sie geben sich den Anschein, als könnten sie ihren Arm unmöglich weiter recken. Wenn das ahnungslose Opfer näher kommt, schnellen sie plötzlich nach vorn, ihr Arm wird wie von Zauberhand länger, und sie packen den Gegenstand ihres Interesses am Kragen.

Die Art und Weise, wie Affen versuchen, Menschen zu betrügen, hat ihre Analogien in einigen Taktiken, die sie in freier Wildbahn untereinander anwenden. Schimpansen und Gorillas ziehen es vor, durch Drohgebärden und Scheinangriffe ihr Ziel zu erreichen, statt tatsächlich dafür zu kämpfen. «Betrugsmanöver machen einen großen Teil des Verhaltensrepertoires der Gorillas aus», meint Kyle Burks von Disney's Animal Kingdom. «Dazu braucht man sich nur anzusehen, in welchem Ausmaß die Taktik des Bluffens zu ihrem Alltag gehört.»

Sogar Papageien machen sich ähnliche Strategien zunutze, um ein argloses menschliches Wesen für einen Angriff in ihre Reichweite zu bekommen. So ist es Irene Pepperberg ergangen, nachdem sie einige Wochen von Alex getrennt gewesen war. Kurz nachdem sie ihn begrüßt hatte, wollte er gekitzelt werden, etwas, das er, wie sie sagt, sonst nie verlangte. In dem Glauben, dass er nach ihrer langen Abwesenheit einer Streicheleinheit bedürfe, ging Irene zu ihm und begann, ihm das Gefieder zu zerzausen. Aber kaum hatte sie sich in seine Reichweite begeben, da ließ er den Kopf vorschnellen und hackte ihr mit dem Schnabel einen Finger auf. Wie es schien, verübelte er ihr immer noch ihre lange Abwesenheit. Übrigens sagte der ein Pfund schwere Vogel anschließend: «Entschuldigung.»

Ein etwas größeres Tier, der Elefant nämlich, wird gleichfalls heimtückisch, um sich für eine Kränkung zu rächen. Im Zoo von Tulsa versuchen die Pfleger, dafür zu sorgen, dass keine losen Steine herumliegen – eine Lektion, die sie durch schmerzliche Erfahrung gelernt haben. Sneezy, ein siebenundzwanzig Jahre alter Elefantenbulle, hat die Angewohnheit, Steine in seinem Rüssel zu verstecken, wenn sein Pfleger gerade nicht hinsieht. Anschließend schleudert er die Steine mit seinem Rüssel nach dem Pfleger.

Im Gegensatz dazu benutzen etliche Arten ihre Körpersprache, um Menschen mehr Aufmerksamkeit abzuringen oder vielleicht auch nur, um zu sehen, wie sie reagieren. Heapo, einer der an Louis Hermans Sprachexperimenten beteiligten männlichen Delphine, wickelte sich gern in eine Leine ein und tat so, als sei er in Schwierigkeiten. Wenn die Leine von ihm abglitt und offensichtlich wurde, dass er sich einer List bedient hatte, zeigte Heapo sich weiterhin als leidender Delphin. Heapo hatte höchstwahrscheinlich begriffen, dass die Leine abgerutscht war, daher war das vielleicht seine Art und Weise, den Trainern zu zeigen, dass sie einem Streich zum Opfer gefallen waren.

Helen Shewman vom Woodland Park Zoo in Seattle erinnert sich an eine andere Form des Betrugs, die die Orang-Utan-Kolonie sich dort angeeignet hatte, um sich zusätzliche Nahrungsrationen zu ergaunern. Die Pfleger reichten den Affen täglich einen kleinen Imbiss in Form von Orangen durch die Luke in ihre Gehege. Als Helen eines Tages einem Orang-Utan-Weibchen namens Meladi eine Orange in den Käfig warf, ging Meladi nicht weg, sondern sah Helen direkt in die Augen und streckte die Hand aus. Da sie glaubte, die Orange müsse an irgendeine unzugängliche Stelle im Gehege gerollt sein, gab Helen ihr eine weitere Orange. Erst als Meladi wegging, bemerkte Helen, dass sie die erste Orange in ihrer anderen Hand versteckt hatte.

Tawan, das große Orang-Utan-Männchen, hatte die ganze Scharade beobachtet, und am nächsten Tag sah auch er Helen fest in die Augen und tat so, als hätte er noch keine Orange bekommen. «Bist du sicher, dass du keine hast?», fragte Helen. Er hielt ihrem Blick stand und streckte weiter seine Hand aus. Helen ließ sich erweichen und gab ihm eine zweite Orange, dann stellte sie fest, dass er die erste Orange unter seinem Fuß versteckt hatte. Noch im Weggehen versuchte er, seinen Betrug zu tarnen, indem er mit dem Fuß über den Boden schleifte, um seine Beute verborgen zu halten. Normalerweise, so berichtet Helen, nimmt Tawan einfach die Orange und geht wieder.

Im selben Zoo wandte Nina, eins der Gorillaweibchen, einen ähnlichen Trick an, um sich einen zusätzlichen Apfel zu ergaunern. Die Pfleger gaben den Gorillas jeden Nachmittag verschiedene Früchte und Gemüse, und an diesem speziellen Nachmittag warf Judy Sievert Nina einen Apfel hin, der wegrollte. Statt dem Apfel nachzulaufen, «saß Nina nur traurig da», wie Judy sich ausdrückt. Judy setzte ihre Runde fort und verteilte Süßkartoffeln und Äpfel an die anderen Gorillas, aber Nina saß weiter nur da, anscheinend ohne Apfel und niedergeschlagen. Judy hatte Mitleid mit ihr und warf ihr einen zweiten Apfel zu. Sobald sie diesen in der Hand hielt, stand sie auf, ging zu der Stelle, an die der erste Apfel gerollt war, und nahm sich auch diesen.

Chantek, der Orang-Utan, der an Lyn Miles' Langzeitstudie an der University of Tennessee teilnahm, machte sich ebenfalls verschiedene Formen des Betrugs zunutze. Einer seiner Tricks bestand darin, auf einen Gegenstand zu zeigen und, wenn er auf diese Weise einen ahnungslosen Besucher abgelenkt hatte, zu versuchen, ihm etwas aus der Tasche zu stehlen. Er stahl auch gern Kekse aus der Küche, erzählt Lyn, und versuchte dann, die übrigen Kekse so hinzulegen, dass man nichts merkte.

Charles Horton betreute im ZooAtlanta Willy B., ein mit allen Wassern gewaschenes einundvierzig Jahre altes Gorillamännchen. Der Gorilla gewann ihn häufig zu einem Gaunerstückchen, mit dem er Leckerbissen von den Zoobesuchern ergatterte. Wenn Willy B. sah, dass ein Besucher ein Kaugummi kaute und Charles in der Nähe war, kam Willy B. an den Rand des Geheges und tat so, als kaue er. Der Besucher fragte dann: «Was frisst der Gorilla?» Hortons Rolle bei dieser kleinen Gaunerei bestand nun darin, zu erwidern: «Er frisst nichts; er sagt Ihnen, dass er ein Kaugummi möchte.» Darauf reagierten die meisten Besucher prompt mit der Antwort: «Ich habe noch eins», und sobald sie in ihre Tasche griffen, machte Willy B. sich auf den Weg zu der Stelle, wo er sein Futter bekam, um dort auf Horton und den Kaugummi zu warten.

Brad Andrews hat in seiner Zeit in Marineland ein hübsches Beispiel für die Raffinesse der Delphine erlebt. In einem großen Becken war eine Gruppe von Delphinen untergebracht, und die Meeressäuger spielten begeistert mit Gegenständen, die die Menschen achtlos fallen ließen, Dinge wie Kugelschreiber, Geldmünzen und Schutzhüllen. Die Direktion schickte regelmäßig Taucher in das Becken, um den Müll herauszuholen. Dazu verwendeten die Taucher ein Sauggerät, das sie methodisch über den gesamten Boden des Beckens führten. Eines Tages fanden die Taucher bei ihrer Arbeit nur sehr wenig vor. Der Grund dafür war jedem, der von oben zusah, sonnenklar. Einer der älteren Delphine – Zippy – schwamm vor den Tauchern her, gerade außerhalb ihrer Sichtweite, und sammelte mit der Schnauze alles auf. Dann schwamm er hinter die Taucher in einen Bereich des Beckens, der bereits abgesucht worden war und den die Taucher nicht einsehen konnten. Dort legte er seine Schätze wieder ab.

Als die Reinigungsmannschaft Zippys Spiel durchschaut hatte, versuchte er es mit einer neuen List. Sobald er sah, dass die Taucher sich bereitmachten, ins Becken zu steigen, hob er schnell seine Lieblingsspielzeuge auf und versteckte sie neben den Wassereinlässen an einer Stelle, wo der Wasserstrom sie nicht wegspülte, wo sie aber für die Taucher unerreichbar waren.

Eines der komischsten Täuschungsmanöver ist gleichzeitig eins der zweideutigsten. Von allen Wissenschaftlern, die den Sprachgebrauch bei Tieren untersuchen, hat Penny Patterson am entschiedensten geltend gemacht, ihr Versuchstier – der Gorilla Koko – habe ihre Zeichensprache benutzt, um komplexe Gedankengänge zu übermitteln. Pennys Darstellung, einer ihrer Gorillas habe ihr in Zeichensprache erzählt, wie er in Afrika als Gorillakind gefangen genommen wurde, hat Michael Crichton zu seinem Buch *Expedition Kongo* inspiriert, ist aber bei vielen anderen auf wenig Gegenliebe gestoßen: Diese Geschichte sowie Pennys Beteuerungen, Koko dichte in dieser Sprache und spreche über den Tod, haben bei Kritikern große Skepsis ausgelöst, die Penny vorwerfen, Kokos Gesten gewaltig überzuinterpretieren.

Es besteht jedoch kein Zweifel, dass die Zeichensprache eine große Rolle in Kokos Leben spielt. Sie gestikuliert ständig, um ihre Wünsche zu übermitteln, und sie kommuniziert nicht nur mit Penny, sondern mit jedem, der vorbeikommt. Möglicherweise versucht sie auch mit Hilfe von Zeichen, sich aus der Affäre zu ziehen, wenn man ihr einen Vorwurf macht. Der fragliche Zwischenfall ereignete sich vor über zwanzig Jahren, als Koko in einem Wohnwagen auf dem Campus der Stanford University lebte (sie ist inzwischen nach Woodside, Kalifornien, umgezogen). In ihrem jugendlichen Überschwang riss sie damals unbeabsichtigt ein Spülbecken im Badezimmer aus der Verankerung. Penny hatte eine Reihe von Helfern, die Koko versorgten und ihr Zeichen beibrachten, und an jenem Tag war eine zierliche junge Frau namens Kate im Wohnwagen. Als Penny die zerstörte Spüle sah und den Gorilla deswegen zur Rede stellte, deutete Koko auf die Spüle und gestikulierte: «Kate böse.» Erhob Koko da etwa eine absolut unglaubhafte Anschuldigung? (Wenn ein aus der Wand gebrochenes Spülbecken und ein Gorilla im Raum sind – wer wird da schon glauben, dass der Missetäter eine schlanke junge Frau war?) Oder hat der Gorilla lediglich die Dinge aufgezählt, die zu dem Zwischenfall führten, ohne ein Täuschungsmanöver zu beabsichtigen?

Orang-Utans scheinen ebenso wie Gorillas zu begreifen, dass die Sprache wunderbare Möglichkeiten bietet, Verantwortung auf andere abzuwälzen und ihre Umgebung auch sonst zu täuschen. Ein junges Orang-Utan-Männchen kann sehr ungebärdig sein, und Lyn Miles hat Chantek viele Male wegen irgendeiner Dummheit ausgeschimpft. Eine solche Situation entwickelte sich dann wie folgt: «Böser Chantek, was machst du da?» Chanteks Standardantwort darauf war: «Chantek brav, brav», woraufhin Lyn erwiderte: «Wer war es dann?» Und Chantek wies die Schuld verschiedenen menschlichen Gehilfen zu, und einmal versuchte er sogar wenig ritterlich, die Schuld Kitty in die Schuhe zu schieben, einer streunenden Katze, die er adoptiert hatte.

In der Natur reicht die Skala der Täuschungsmanöver von genetisch programmiertem Betrug bis hin zu ganz bewusster, raffinierter List. In die erstgenannte Kategorie fällt zum Beispiel die Rafflesia aus Borneo, die mit einem Durchmesser von einem Meter die größte Blüte aller Pflanzen besitzt. Die Blüte sieht aus und riecht wie verwesendes Fleisch, um so Aas fressende Fliegen zur Bestäubung ihrer Blüten anzulocken. Eine andere geborene Lügnerin ist die Raupe eines bestimmten mittelamerikanischen Nachtfalters. Diese Raupe trägt auf ihrem Unterleib ein farbiges Muster, so dass sie für alle Augen wie eine Viper aussieht.

Andere Tiere haben im Laufe der Zeit gelernt, dass es in ihrem besten Interesse ist, falsche Signale auszusenden. So fungiert zum

Beispiel die Gelbstirn-Würgertangare im westlichen Amazonasgebiet für andere Vögel als Wächter. Sie liefert den anderen Tieren mit ihrer Aufmerksamkeit eine Art Frühwarnsystem, aber der Ornithologe Charles Munn berichtet, dass der Vogel seine Position bisweilen ausnutzt und Alarm schlägt, wenn überhaupt kein Feind in der Nähe ist. Die ganze Schar seiner gefiederten Kollegen geht daraufhin in Deckung, und die Würgertangare verschlingt alles Essbare in Reichweite.

Ein anderer Vogel, der gern zu Täuschungsmanövern greift, ist der Mohrenbussard, der das Flugmuster eines Geiers nachahmt, einschließlich des schaukelnden Flugs, um Aras oder Sittiche fälschlich in Sicherheit zu wiegen. (Vögel haben von einem Aasfresser nichts zu befürchten.) Sobald der getarnte Räuber jedoch über ihnen ist, stößt er hinab und fällt über die kleineren Vögel her.

Einige Vögel versuchen auch, andere Arten dazu zu überlisten, ihre Jungen großzuziehen; sie bürden ahnungslosen Tölpeln die Last auf, Futter für gierige Nestlinge zu sammeln. Einer der schlimmsten Nassauer ist möglicherweise der Kuckuck. Ein Kuckucksweibchen legt sein Ei in das Nest eines anderen Vogels zu dessen Eiern. Wenn die Jungen geschlüpft sind, befördert der kleine Kuckuck die anderen Jungvögel aus dem Nest, so dass die nichtsahnende Mutter ihre ganze Energie darauf verwenden kann, den kleinen Eindringling zu füttern und großzuziehen.

Keines der bisher angeführten Beispiele setzt auf Seiten des Betrügers irgendein Bewusstsein voraus, aber sie werfen doch eine Frage auf. Wenn man sich mit Unehrlichkeit eine gute Mahlzeit verschaffen oder jemand anderes dazu bringen kann, seine Jungen großzuziehen, warum sollte dann überhaupt noch jemand ehrlich sein? Warum ist die Tierwelt nicht ein anarchistischer Sündenpfuhl, in dem nur Gauner und Betrüger beheimatet sind?

Tatsächlich haben alle Arten Mittel und Wege entwickelt, Betrug und Gaunereien innerhalb vernünftiger Grenzen zu halten (wir Menschen arbeiten noch an dem Problem). Marion East und Heribert Hofer, zwei deutsche Biologen, haben diese Frage im Hinblick auf die Hyäne untersucht, ein überaus soziales Tier aus der afrikanischen Steppe, das unverdient zum Symbol für die menschlichen Attribute Verrat und Bosheit geworden ist.

Hyänen wecken beim Menschen Furcht, Respekt und Hass, weshalb diese Raubtiere auch in den Mythen und Ritualen Afrikas eine herausragende Rolle spielen. In Tansania reiten Schamanen manchmal auf dem Rücken gezähmter Hyänen zu ihren Zusammenkünften. In Äthiopien haben die Männer in Harare überliefertermaßen ein Ritual, bei dem sie sich von wilden Hyänen Fleisch aus dem Mund nehmen lassen.

Ihrem Ruf zum Trotz können Hyänen bemerkenswert zivilisiert sein. Angeblich entwickelte eine zahme Hyäne, die sich im Besitz einer wohlhabenden französischen Familie befand, eine Vorliebe für Kammermusik. Wenn sie den Klang live gespielter Saiteninstrumente vernahm, kratzte sie an der Tür, trat ein und legte sich friedlich vor die Musiker hin, was natürlich für diejenigen, die es nicht gewohnt waren, einen immens kraftvollen Fleischfresser in der ersten Reihe zu haben, sehr beunruhigend war. «Die Hyänen sind soziale Tiere, ähneln in ihrem Verhalten ein wenig den Wölfen und verstehen sehr schnell, dass man gewisse Regeln hat», erklärt Hofer.

In freier Wildbahn haben die Tiere Regeln entwickelt, die festlegen, wie viel Betrügerei eine bestimmte Gruppe von Hyänen zu dulden bereit ist. Die Raubtiere leben in extrem großen Gruppen von bis zu fünfzig oder sechzig Tieren. Sie jagen auch in Gruppen, und bisweilen braucht es ein halbes Dutzend von ihnen, um ein Zebra zu stellen und zu töten. Selbst wenn sie so viel Energie aufgewandt haben, um Beute zu machen, verlieren die Hyänen möglicherweise bis zu zwanzig Prozent der von ihnen erlegten Tiere an Löwen, die ihnen die Kadaver streitig machen. Verständlicherweise haben die Hyänen einen speziellen Alarmruf, der die ganze Gruppe auf das Herannahen eines Löwen aufmerksam macht. Sobald Alarm geschlagen wurde, gehen die Hyänen üblicherweise in Deckung. Die Chancen, die dieser Umstand bietet, können den skrupelloseren Hyänen natürlich nicht entgehen. Sie stoßen den Alarmschrei aus, und wenn die hart arbeitenden Jäger sich in alle Winde zerstreuen, kommen sie herbei, um schnell ein paar Bissen Fleisch zu stehlen.

Solche Dinge könnten leicht außer Kontrolle geraten, aber in dem geduldigen Verlauf der Evolution haben die Hyänen festgelegt, wie viel Betrug geduldet werden kann, ohne die Lebensfähigkeit der Gruppe zu gefährden. Hofer und East zufolge dulden Hyänen eine gewisse Anzahl von Fehlalarmen. Auch sind sie bereit, von nervösen Weibchen ständig ausgestoßene Alarmrufe ganz außer Acht zu lassen, was darauf hindeutet, dass sie verschiedenen Mitgliedern der Gruppe eine unterschiedliche Glaubwürdigkeit zubilligen. Ein Ethoökologe drückt es so aus: Ein Tier muss mit Täuschungsmanövern sehr sparsam umgehen. Bei der Gelbstirn-Würgertangare sind nur zehn bis fünfzehn Prozent aller Rufe falscher Alarm, was wahrscheinlich die gerade noch akzeptable Menge an Täuschungsmanövern ist, die sich im Laufe der Zeit ergeben hat als Gleichgewicht zwischen dem Risiko für die Betrogenen, den Alarmruf zu ignorieren, und dem Verlust durch Diebstähle des gemeinsamen Futtervorrats.

Darüber hinaus hält die Natur Betrug und Unehrlichkeit in gewissen Grenzen, indem sie auf die eine oder andere Weise einen Preis dafür verlangt. Der Archetyp des charmanten Tunichtguts, der jungen Weibchen gegenüber einen größeren Reichtum vorgaukelt, als er ihn wirklich besitzt, ist allgemein bekannt. Wie sich erweist, ist dieses Problem artenübergreifend verbreitet, und einige Arten haben raffinierte Schutzmechanismen gegen solcherlei Betrugsversuche entwickelt.

Gail Patricelli, ein Ethoökologe der University of Maryland, hat beim Seidenlaubenvogel in Queensland und New South Wales in Australien ein spektakuläres Beispiel für Geschenke im Paarungsritual studiert. Anders als viele andere Vogelmännchen, die ihr Gefieder benutzen, um Partnerinnen auf sich aufmerksam zu machen, versucht das Laubenvogelmännchen, ein Tier von der Größe eines Rotkehlchens, das Herz eines Weibchens zu gewinnen, indem es ihm ein Haus anbietet – nein, das ist nicht richtig: ein Schloss. Seine Lauben können gut anderthalb Meter hoch und zwei Meter lang sein, und die Männchen putzen diese Behausungen mit blauen und gelben Gegenständen heraus, die sie in der Natur finden oder, wie es durchaus vorkommt, in den Hütten der Naturforscher. «Sie brechen ein und stehlen Kugelschreiber und Wäscheklammern», berichtet Gail. «Das ist wahrscheinlich einer der wenigen Orte, wo man, wenn man einen Kugelschreiber verloren hat, genau weiß, wo man ihn wiederfindet.» Dementsprechend suchen die Forscher, wenn sie im Freien sind und etwas zu schreiben brauchen, zuerst in einer der Lauben, um zu schauen, ob dort nicht vielleicht einer bereitliegt.

Während das Laubenvogelmännchen sein Haus für die Flitterwochen baut, sitzt das Weibchen auf einem Baum und beobachtet wohlwollend den Fortgang des Geschehens. Wenn die Laube den weiblichen Kriterien in puncto Behausungen gerecht wird, kommt die Braut herbeigeflogen und begibt sich in das neue Heim, während das Männchen seinen Werbungstanz beginnt. Die Ökonomie, auf der dieses komplizierte Ritual beruht, leuchtet jedem auf Geld versessenen Menschen – ganz gleich, ob Frau oder Mann – unmittelbar ein.

Die evolutionären Zwänge, die ein Vogelmännchen begünstigen, das größere und bessere Lauben baut, haben direkt mit den Themen Ehrlichkeit und Betrug zu tun. Ein buntes Gefieder, kunstvoller Gesang und teure Geschenke der Männchen dienen, so die Ethoökologen, allesamt als Signale, mit deren Hilfe die männlichen Bewerber die Botschaft übermitteln, dass sie stark sind und erfolgreich in der Weitergabe guter Gene. All diese Signale sind zu dem Zweck geschaffen, die Weibchen davor zu bewahren, sich von Hochstaplern und Blendern becircen zu lassen, die vielleicht fälschlicherweise vorgeben, gesund und aggressiv zu sein.

Der Gedanke dahinter, den die Ethoökologie als «Handicap-Prinzip» bezeichnet, ist der, dass die Signale so teuer sind, dass sie sich nicht fälschen lassen – «als fliege man mit seiner Flamme übers Wochenende mit dem Privatjet nach St. Bart's», wie ein Wissenschaftler es ausdrückt. Der gewaltige Schwanz eines Pfaus sagt den Weibchen, dass das Männchen stark genug ist, um diese Zierde aufrecht zu halten, und je größer die Laube, nun ja, um so größer der ...

Auf dem internationalen Ethoökologie-Kongress 1997 in Asilomar, Kalifornien, drehten sich zahlreiche Diskussionen um Versuche, das Gleichgewicht zwischen Betrug und Egoismus auf der einen Seite und Ehrlichkeit und Kooperation auf der anderen für verschiedene Tiergesellschaften im Modell zu erfassen. Der Mathematiker und theoretische Biologe Thomas Sherratt hat eine solche Simulation entwickelt. Wenn ein Tier, so zeigt diese Studie, einfache Regeln befolgt, beispielsweise seine Investition in Fremde begrenzt, freundliche Gesten mit Gleichem erwidert und solcherlei Artgenossen weniger beachtet, die zunehmend Fehler machen (und/oder betrügen), dann wird Kooperation im Tierreich häufig mit Kooperation belohnt. In einem späteren Schriftwechsel bemerkt Sherratt: «Das Prinzip der Gegenseitigkeit ist eine starke, stabilisierende Kraft, die Kooperation belohnt und Betrüger und Beutelschneider bestraft.» Betrüger mögen sich für ein oder zwei Generationen eines gewissen Erfolgs erfreuen, aber im Laufe der Zeit setzt sich das Prinzip der Kooperation durch – eine Lehre, von der einige der korrupteren menschlichen Gesellschaften vielleicht Notiz nehmen sollten.

Täuschungsmanöver haben durchaus auch positive Aspekte für die Gruppe als Ganzes. Entschließt sich beispielsweise das gesamte Kollektiv, geschlossen an gewisse genehme, wenn auch unzutreffende Vorstellungen zu glauben, so kann das zur Aufrechterhaltung des guten Einvernehmens sowie zur Reduzierung von Gewalttaten beitragen. Nachdem wir ein Jahr die pedantische Berichterstattung über die sexuellen Abenteuer von Präsident Clinton zu ertragen hatten, sehnen die meisten Amerikaner sich zurück nach den Tagen der Kennedy-Regierung, als jeder in Washington über die präsidialen Eskapaden Bescheid wusste, sich aber nichts anmerken ließ. Während wir nun in eine neue Legislaturperiode eintreten, sollten wir uns vielleicht ein Beispiel an den Pavianen nehmen, die raffinierte Methoden ersonnen haben, um kollektive Lügen zur Entschärfung von angespannten Situationen zu nutzen.

Hofer und East erzählen die Geschichte eines ehrgeizigen jungen Anubis-Pavian-Männchens, das sich in einer äußerst konfliktreichen Situation wiederfand. Der Pavian saß gerade in der Futtergrube des Gombe Stream Reserve in Tansania, als unerwartet über ihm das dominante Pavianmännchen auftauchte. Das Alpha-Männchen stieß Schmatzlaute aus – in der Paviansprache ein Signal, aus der Grube zu kommen oder sich einem Kampf zu stellen. Das brachte den jungen Pavian in die Klemme. Er konnte entweder die Herausforderung annehmen und einen erbitterten Kampf riskieren, dessen Ausgang keineswegs feststand, oder er konnte sich davonschleichen und damit in den Augen des dominanten Männchens sowie der anderen anwesenden Paviane Gesicht und Status verlieren. Stattdessen entschied der Pavian sich für einen dritten Weg und forderte seinerseits ein weit entfernt sitzendes Pavianmännchen zum Kampf heraus, das in keiner Weise an der Situation beteiligt war.

Nach einer kurzen Bedenkzeit griff das Alpha-Männchen die Scharade auf und richtete ebenfalls eine Herausforderung an den Pavian, der nichts ahnend in einiger Entfernung von der Futtergrube saß und höchstwahrscheinlich vollkommen verwirrt von dieser plötzlichen Feindseligkeit war, die zwei der gefährlicheren männlichen Tiere in der Gruppe ihm entgegenbrachten. Der junge Pavian in der Futtergrube, der jetzt mit dem Alpha-Männchen gemeinsame Sache machte, stürzte sich jäh auf das entferntere Männchen, das sich eilends in Sicherheit brachte. Schlussergebnis: Das Alpha-Männchen hat die Futtergrube für sich allein, beide Paviane vermeiden einen Kampf, und der junge Herausforderer wahrt sein Gesicht.

War das einfach eine blinde Reaktion, oder waren sich diese Paviane tatsächlich der Risiken bewusst und haben sie taktiert, um den größten Gefahren aus dem Weg zu gehen? Robert Seyfarth und seine Frau, Dorothy Cheney, sind Biologen an der University of Pennsylvania. Sie haben in Afrika mit Vervetmeerkatzen und Pavianen einfallsreiche Studien zum Bewusstsein bei Tieren betrieben und zu diesem Zweck die Stimmen verschiedener Raubtiere sowie verschiedene Alarmrufe auf Band aufgenommen und die Reaktionen der Tiere darauf beobachtet. Außerdem haben sie sich in ausgedehnten Feldstudien mit sozialen Interaktionen der Tiere beschäftigt.

Zu ihren interessantesten Ergebnissen gehören Hinweise darauf, dass Paviane sich über ihren Status innerhalb der Hierarchie im Klaren sind und sich dementsprechend verhalten. (Wie Seyfarth bemerkt, ist es eine Sache, sich umzusehen und zu wissen, wer der Boss ist. Eine ganz andere Sache ist es, eine Hierarchie zu erkennen und sich des eigenen Platzes darin bewusst zu sein.) Die Grundlage für Seyfarths und Cheneys Überlegung war folgende Beobachtung: Wenn ein dominantes Pavianweibchen sich zwei in der Hierarchie unter ihr stehenden Weibchen nähert, zieht sich am ehesten das jüngere dieser beiden Weibchen zurück. Das ältere der beiden sagt sich vielleicht: «Oh – hm, da kommt die Dicke Bertha, aber ich kann ruhig hierbleiben, weil die Kleine hier ihren Status anerkennt, indem sie sich verzieht.» Seyfarth stellt fest, dass bei bis zu neununddreißig weiblichen Tieren in den Gruppen, die er studiert hat, die Paviane sich nicht einfach nur verschiedene Kombinationen eingeprägt haben konnten. Es ist dies also ein Fall, bei dem Selbsterkenntnis tatsächlich die einfachste Erklärung für ein bestimmtes Verhalten ist.

Wenn ein Tier sich über seinen Status im Klaren ist, dann ist es möglich, wenn nicht sogar wahrscheinlich, dass das Tier es auch begreift, wenn es ein anderes Tier täuscht. Es ist ebenso wahrscheinlich, dass das Tier sich darüber im Klaren ist, dass es mit der Täuschung eines anderen Mitglieds seiner Gruppe ein Risiko eingeht. Ein solches Bewusstsein dürfte Täuschungsmanöver innerhalb und zwischen verschiedenen sozialen Gruppen wohl im Zaum halten.

Andererseits mag Betrug zwar etwas mit Bewusstsein zu tun haben, aber wir müssen uns davor hüten, von einer kleinen Gaunerei, die möglicherweise das Ergebnis simpler Motivationsverstärkung ist, auf das Vorhandensein höheren Bewusstseins zu schließen. So hat zum Beispiel der Primatenspezialist Frans de Waal einen Schimpansen beobachtet, der nach einem verlorenen Kampf mit einem dominanteren Männchen vorübergehend humpelte. Das Tier bemerkte schnell, dass das stärkere Männchen es nicht verprügelte, wenn es humpelte; also nahm es selbst nach der vollständigen Heilung seines Beines zu einem Humpeln Zuflucht, wann immer es seinen Gegner erblickte. Um ein Humpeln vorzutäuschen, genügt die Fähigkeit, eine einfache Assoziation zwischen einem bestimmten Verhalten und der Vermeidung von Schmerz herzustellen; andere Formen des Betrugs lassen sich dagegen nicht so einfach erklären.

Tatsächlich war de Waal, als er mit seinen Schimpansenbeobachtungen begann, auf ein solches Ausmaß und eine solche Raffinesse der Täuschungsmanöver überhaupt nicht gefasst. In seinem 1996 erschienenen Buch *Der gute Affe: Der Ursprung von Recht und Unrecht bei Menschen und Tieren* schrieb er: «Nachdem ich vor meiner Begegnung mit Schimpansen jahrelang Makaken beobachtet hatte, war ich auf die Finesse, mit der diese Affen einander betrügen, absolut nicht vorbereitet. Ich sah, wie sie mit Pokermiene unerwünschte Gefühlsregungen verbargen, wie sie kompromittierende Körperteile mit den Händen bedeckten und sich vollkommen blind und taub stellten, wenn ein anderer mit lautstarken Einschüchterungsversuchen ihre Nerven auf die Probe stellte.«

Nehmen wir zum Beispiel den Fall eines zweifachen Täuschungsmanövers, das Jane Goodall im Gombe Stream Reserve von Tansania beobachtete, jener Feldforschungsstation, in der Goodall ihre Pionierarbeit leistete. Über das ganze Gebiet verteilt gab es verschiedene Futterstationen, die Leckerbissen enthielten. Einer der Schimpansen fand sich in der glücklichen Situation, ganz allein direkt neben einer Futterbox zu sitzen, als diese per Fernsteuerung geöffnet wurde. Als er bemerkte, dass ein ranghöherer Schimpanse sich näherte, klappte er die Box eilig zu und ging lässig weg, bis der ältere Schimpanse verschwunden war. Darauf kehrte er zu der Box zurück und öffnete sie, um sich das Futter zu holen. Der ranghöhere Schimpanse hatte jedoch Verdacht geschöpft und sich an einer uneinsehbaren Stelle versteckt. Die raffinierten Bemühungen des ersten Schimpansen, seine Beute zu verbergen, erwiesen sich als vergeblich, als der dominante Schimpanse herbeikam, um sich die

Bananen zu schnappen. Ganz offensichtlich hatte er sich seine Position nicht allein durch Muskelkraft verschafft.

Ethoökologen verbringen viel Zeit mit dem Versuch, die Bedeutung verschiedener Täuschungsmanöver zu entschlüsseln. Die erste Frage ist, ob das Tier die Signale, die es aussendet, tatsächlich kontrolliert. Ein tropischer Fisch, dessen Farbe ihn größer aussehen lässt, als er in Wirklichkeit ist, kann ein solches Signal offensichtlich nicht kontrollieren.

Andererseits scheint ein gewisses Maß an Bewusstsein vonnöten zu sein, um die Körpersprache zu kontrollieren. Aber wie viel? Anfang der siebziger Jahre hatte ich eine Maine-Coon-Katze namens Zephyr. Meine Frau und ich lebten damals in New Hampshire, und es konnte im Winter bitterkalt werden. Wenn Zephyr hereinwollte, setzte er sich auf das Geländer vor dem Küchenfenster, wo die Menschen im Haus ihn sehen konnten, und miaute. Das war natürlich ziemlich wirksam, aber wenn es windig war, konnten wir sein Miauen manchmal nicht hören. An einem solchen Abend stand ich gerade am Spülbecken, als etwas meinen Blick auf sich zog. Es war Zephyr. Statt auf dem Geländer zu sitzen, befand er sich auf dem Außengang und sprang hoch in die Luft. Er hatte, davon bin ich fest überzeugt, sich überlegt, dass vielleicht ein bewegliches Objekt (er selbst) eher meine Aufmerksamkeit erringen würde als eine sitzende, miauende Katze.

Da wir wissen, dass wir mit Bewusstsein und Intelligenz gesegnet sind, und da wir diese Ausdrücke zur Beschreibung dessen benutzen, was wir tun, denken und fühlen, neigen wir zu der Annahme, dass menschliches Verhalten Bewusstsein reflektiere, auch wenn es in Wirklichkeit automatisch abläuft. Wenn der müde Pendler, der sich zu dem Fünfuhrachtundzwanzig-Zug nach Greenwich schleppt, an einer hübschen Frau vorbeikommt und sich aufrichtet und den Bauch einzieht, ist ihm da wirklich bewusst, was er tut? Auf irgendeiner Ebene vielleicht, aber es könnte sich auch um eine Art von Schlafwandeln handeln – eine unbewusste Reaktion, die das Ergebnis uralter biologischer Zwänge ist. Mit den Augen eines skeptischen Beobachters betrachtet, würden einige unserer

Verhaltensweisen nicht einmal unserer eigenen Definition von Bewusstsein standhalten. Wie ein Psychologe es ausgedrückt hat: «Vergessen Sie nicht, dass aus der Sicht eines Zimmermädchens alle Hotelgäste Roboter sind», und zwar in dem Sinne, dass sie die Zimmer auf beinahe identische Art und Weise verwüsten.

Tatsächlich gibt es viele menschliche Verhaltensmuster, die zunächst bewusst eingeübt werden, aber dann durch Wiederholung automatisch werden. Das ist natürlich vernünftig. Indem man eine Erkenntnis oder ein neues Verhaltensmuster als Satz fester Verhaltensregeln ablegt, setzt man kostbare Gehirnkapazitäten für neue Herausforderungen frei. Das Autofahren ist ein gutes Beispiel. Die meiste Zeit funktionieren wir wie ein Automat. Wir wachen nur auf, wenn unsere Sinne uns auf eine Gefahr oder auf etwas Außergewöhnliches aufmerksam machen.

Als der jüngere Schimpanse im Angesicht der Bananen Lässigkeit heuchelte, bezähmte er einen natürlichen Drang, sich über die Entdeckung seiner Beute aufgeregt zu zeigen. Das wiederum lässt darauf schließen, dass der Schimpanse auf irgendeiner Ebene begriff (und sei es auch nur als Erinnerung an frühere, bittere Enttäuschungen), dass seine natürliche Reaktion die Aufmerksamkeit des großen Männchens erregen würde.

Im Gegensatz dazu war das Täuschungsmanöver des dominanten Männchens ein Kunstwerk. Er interpretierte die Situation und roch den Braten. Statt sich auf den jüngeren Schimpansen zu stürzen, setzte er seinen Weg fort und versteckte sich, um zu sehen, wie die Situation sich entwickeln würde. Es ist natürlich möglich, dass der beobachtende Wissenschaftler einen bloßen Zufall fehlinterpretiert hat – das ranghöhere Männchen hatte sich vielleicht nur scheinbar versteckt und ohne besondere Absichten das Geschehen beobachtet. War sich der dominante Schimpanse seiner Wirkung auf das unterlegene Männchen bewusst, und hat er sein Verhalten entsprechend angepasst, um ein bestimmtes Ziel zu erreichen? Das nächste Kapitel wird sich näher mit dieser Frage beschäftigen.

# Ich denke, dass du denkst, dass ich denke, dass du denkst ...

## *Gedankenlesen und geistiges Schach*

Im vorangegangenen Kapitel haben wir Beispiele für Tiere betrachtet, die versuchten, ihresgleichen ebenso wie die Menschen um sie herum zu durchschauen. Auch wenn Kokos und Chanteks Versuche, die Verantwortung für eine Missetat auf andere abzuwälzen, lachhaft sind, so enthüllen diese unbeholfenen Manöver doch möglicherweise eine Tatsache: Um ihre Pfleger auf falsche Ideen zu bringen, muss den Affen bewusst sein, dass andere falsche Ideen entwickeln können. In der nüchternen Welt kontrollierter Experimente mag man diese Beispiele nun für zweifelhaft halten, aber andere Wissenschaftler haben in der Folgezeit entdeckt, dass Gorillas, Schimpansen, Bonobos, Orang-Utans und höchstwahrscheinlich auch Delphine und Schwertwale einen gewissen Grad an Bewusstsein mit den Menschen gemein haben, der es ihnen gestattet, Rückschlüsse auf die geistige Verfassung anderer Geschöpfe zu ziehen.

Die meisten Tierpfleger würden sagen, dass sie das bereits wüssten, aber es ist keine Kleinigkeit, diese Vorstellung von Bewusstsein einem skeptischen Publikum zu beweisen, und zwar wegen der Rückschlüsse, die dies auf die geistige Welt dieser höheren Säugetiere zuließe. Jedes Geschöpf, sei es Mensch oder Tier, hat einen gewaltigen Vorteil, wenn es äußerlich nicht sichtbare Gemütsregungen bei einem Rivalen erahnen kann – um zu verstehen, was er oder sie denkt, und dann abzuschätzen, wie besagter Rivale dazu ermutigt werden könnte, etwas zu denken, das einem selbst zum Nutzen gerät. Wenn man wissen kann, dass ein anderer sich in irgendeinem Punkt irrt – dass der Pfleger zum Beispiel denkt, man habe seine Orange noch nicht bekommen –, kann man sich dessen falsche Vorstellungen zunutze machen.

Der Schlüssel zu all dem liegt in der Erkenntnis, dass andere Geschöpfe sich irren können. Die meisten Tiere erfassen auf irgendeiner Ebene, ob ihre Artgenossen Wut oder Begierde empfinden oder ein anderes grundlegendes Gefühl, das man an Körpersprache und Haltung erkennen kann. Aber was ist, wenn ein anderes Tier sich irrt? Das bedeutet, dass man sich selbst in den Kopf eines anderen Geschöpfs begibt, dass man seine Gedanken liest. Die Vertreter der «Cognitive Science» bezeichnen das als die Fähigkeit, eine «Theorie des Bewusstseins» zu haben. Wenn man über eine «Theorie des Bewusstseins» verfügt, dann hat man ein mächtiges Werkzeug, um die Artgenossen zu seinem Vorteil zu manipulieren.

Seit vielen Jahren wird über diese Fragen spekuliert. 1978 veröffentlichte David Premack, der seine Erforschung der Sprachfähigkeiten von Schimpansen aufgab, um sich mit der Wahrnehmung der Tiere zu beschäftigen, einen Aufsatz mit dem Titel: «Besitzen Schimpansen eine Theorie des Bewusstseins?» In diesem Aufsatz stellte er spekulativ fest, dass ein Aspekt des Bewusstseins die Erkenntnis sei, dass andere sich irren können oder über ein Wissen verfügen, über das man selbst nicht verfügt. Diese Überlegungen griff Daniel Dennett in einem Brief auf und schlug vor, sie empirisch zu untersuchen, indem man ein für Tiere wie Menschen geeignetes Puppenspiel (Punch und Judy) auf die Beine stellte. Wie frühere Generationen wissen, gehört dazu eine kleine Szene, bei der die kindlichen Zuschauer wissen, dass Judy in einem Kasten steckt – und ebenfalls wissen, dass Punch das nicht weiß.

Premack griff diesen einfachen Vorschlag auf und ersann einen genialen Test, um zu ermitteln, an welcher Stelle Kinder anfangen, den Gemütszustand anderer zu begreifen. Dieser Test war die

Einfachheit selbst. Man zeigte einem Kind ein kleines Theaterstück, in dem ein Mädchen namens Sally einen Raum betritt, eine Murmel in einen Beutel legt und den Raum dann wieder verlässt. Bevor Sally zurückkommt, betritt ein anderes kleines Mädchen, Ann, den Raum, nimmt die Murmel aus dem Beutel und legt sie in eine Schachtel. Sally kommt zurück, und man fragte das Kind, wo sie wohl nach der Murmel suchen würde.

Es stellt sich heraus, dass dreijährige Kinder, die sich diese kleine Vorstellung ansehen, am ehesten auf die Schachtel zeigen, in der die Murmel liegt. Bis zu ihrem vierten Geburtstag wissen die meisten Kinder jedoch, das Sally die Murmel irrigerweise in dem Beutel vermutet und dass sie dort danach suchen wird. Kurzum, Vierjährige sind in der Lage, vernünftige Betrachtungen über den nichtbeobachtbaren Gemütszustand anderer Menschen anzustellen.

Dieser Test gab vergleichenden Psychologen eine Möglichkeit, ähnliche Studien an Affen und anderen Tieren anzustellen. Der Test wurde so umgestellt, dass ein Verständnis von Sprache nicht notwendig und die Scharade für einen Schimpansen, Orang-Utan oder einen anderen Affen interessant war. In einer Version von Daniel Povinelli, damals Psychologe an der University of Southwestern Louisiana, mussten Schimpansen entscheiden, welcher von zwei Menschen besser geeignet wäre, ihnen bei der Suche nach verstecktem Futter zu helfen. Die Schimpansen selbst konnten nicht sehen, wo das Futter versteckt war, aber sie konnten sehen, dass einer der beiden Menschen in ihrer Nähe genau beobachten konnte, wie das Futter versteckt wurde. Die Schimpansen wurden daraufhin aufgefordert, sich einen menschlichen Helfer zu erwählen, um an ihre Mahlzeit heranzukommen. Eine überwältigende Mehrheit entschied sich für die Person, die die Prozedur beobachtet hatte; sie müssen also begriffen haben, dass der andere Mensch nicht wusste, wo das Essen versteckt war, und ihnen daher weniger nutzen konnte.

Povinelli versuchte auch festzustellen, ob Primaten mit kleinerem Gehirn ebenfalls Einblicke in das Wissen anderer nehmen konnten. Es stellte sich heraus, dass es eine Schwelle zu geben scheint, die die großen von den kleinen Affen trennt – gerade so, wie es eine

Schwelle zwischen drei- und vierjährigen Kindern gibt. Als Povinelli sein Experiment mit Rhesusaffen wiederholte, asiatischen Affen, die insbesondere dafür bekannt sind, dass sie vor indischen und nepalesischen Tempeln betteln, wählten die Primaten ihre menschlichen Helfer willkürlich aus und zeigten keinerlei Vorliebe für diejenigen, die wussten, wo das Essen versteckt war.

Ein anderer Wissenschaftler, Juan Gomez, stellte mit einem Orang-Utan im Zoo von Madrid ein ähnliches Experiment an. Diese Version war dem ursprünglichen Test mit Sally und Ann ein wenig näher. Der Orang-Utan konnte zusehen, wie ein Angestellter Leckerbissen in einen Kasten legte und einen Schlüssel in einen anderen. Dann ging der Mann weg und kam nach einer Weile wieder. Als er zurückkehrte, zeigte der Orang-Utan auf den Kasten mit dem Essen, und der Tierpfleger holte den Schlüssel, öffnete den Kasten und gab dem Orang-Utan eine Nascherei. Immer wieder kam jedoch statt des Pflegers, der weggegangen war, eine andere Person ins Gehege und legte den Schlüssel in einen anderen Kasten. Bei diesen Gelegenheiten zeigte der Orang-Utan nicht auf den Kasten, in dem sich das Essen befand, sondern auf den, in dem der Schlüssel war. Das Tier schien zu begreifen, dass der Pfleger in Bezug auf den Platz des Schlüssels falsch informiert war.

Um Zufälle auszuschalten, ließ Gomez bisweilen den Pfleger selbst zurückkehren und den Schlüssel in einen anderen Kasten legen. In diesen Fällen zeigte der Orang-Utan nicht dorthin, wo der Schlüssel sich befand, wahrscheinlich weil er sich daran erinnerte, dass der Pfleger selbst ihn dort hingelegt hatte und daher wissen musste, wo er ihn finden würde.

Bei der Arbeit mit Rob Shumaker führte ein anderer Think-Tank-Wissenschaftler namens Dan Sillito eine Abwandlung des Sally/Ann-Experiments durch. «Wir reduzierten das Problem auf die Frage, ob ein Affe wissen kann, dass das, was ein Mensch weiß, verschieden ist von dem, was ein anderer Mensch weiß», sagt Shumaker. Als Erstes versteckte der Versuchsleiter vor den Augen der Affen unter einem von zwei Bechern etwas zu essen, dann ging er weg. Als Nächstes ermittelten die Wissenschaftler, ob die Affen eine neue Person zu dem Ort dirigieren konnten, wo das Essen versteckt war. Die Antwort war natürlich ein Ja. Daraufhin wiederholten sie das Experiment mit einigen überraschenden Wendungen. Bei einem der Durchläufe kamen zwei Personen herein, nachdem das Essen versteckt worden war, aber eine der beiden Personen hatte einen Korb auf dem Kopf, der ihre Sicht behinderte. In diesem Falle entschieden die Affen sich für die Person ohne Korb auf dem Kopf, um an das Essen heranzukommen. In einer anderen Version schlenderte nur eine Person ins Gehege – und zwar wiederum mit einem Korb auf dem Kopf. In diesem Falle nahm der Orang-Utan dem Betreffenden den Korb ab und führte ihn zu dem Essen.

Beim letzten Versuchsdurchlauf befand sich Rob in einer Situation, in der er einen Leckerbissen wie Kekse sehen, aber nicht an sie herankommen konnte. Die Orang-Utans hatten derweil in ihrem Teil des Käfigs eine Reihe von Werkzeugen, die es Rob ermöglichen konnten, an die Kekse heranzukommen. Rob bat die Orang-Utans um Hilfe (was natürlich voraussetzt, dass sie Englisch können), aber er bat nicht um ein Werkzeug. In fast allen Fällen gaben die Affen Rob das geeignete Hilfsmittel in die Hand.

Einmal gab Indah, eins der Orang-Utan-Weibchen, Rob ein Werkzeug, das für einen Orang-Utan zur Beschaffung des Essens geeignet wäre, weil sie so lange Arme haben, das aber für Rob nicht lang genug war. Als Indah sah, dass er mit ihrem Werkzeug nicht ans Ziel kam, machte sie sich auf die Suche nach einem längeren Stock und reichte ihn Rob. Bei einer anderen Gelegenheit befand sich das richtige Werkzeug in Robs Teil des Käfigs, aber er wusste es nicht. Diesmal griff Indah durch die Gitterstäbe, schnappte sich das Werkzeug, zog es in ihren Teil des Käfigs und schob es Rob hinüber.

Einige der Experimente, die abtasten, bis zu welchem Grad Tiere die Gemütsverfassung der Lebewesen um sie herum bewusst wahrnehmen, grenzen ans Absurde. In einem solchen Experiment mussten sich Schimpansen zwischen zwei Menschen entscheiden, die Becher mit Saft als besonderen Leckerbissen mitbrachten. Eine Person spielt die Rolle eines Trottels und verschüttet auf dem Weg in den Käfig versehentlich den Saft. Die andere Person übernimmt die Rolle eines bösen Tierpflegers und vergießt absichtlich den Saft, bevor sie den Becher weitergibt. Vor die Wahl gestellt, von wem sie sich den Saft bringen lassen wollten, bevorzugten die Schimpansen entschieden den Trottel. Anscheinend waren sie zu dem sehr vernünftigen Urteil gekommen, dass eine wohlmeinende, unbeholfene Person allemal einem Pfleger mit finsteren Absichten vorzuziehen sei.

Forscher stellten ein ähnliches Experiment mit Kapuzineraffen an, nur dass diesmal der böswillige Gehilfe die Leckerbissen vor den Augen der Affen selbst verzehrte, statt sie ihnen auszuhändigen. Selbst nach hundertfünfzig Wiederholungen setzten die armen Affen auf Mitleid erregende Weise ihr Vertrauen weiterhin auf den mittlerweile fett gewordenen menschlichen Bösewicht.

Der vielleicht zwingendste Hinweis darauf, dass ein Schimpanse sich darüber im Klaren sein kann, was ein anderer Schimpanse weiß, muss noch veröffentlicht werden. Bei der Arbeit mit einer Schimpansenkolonie an der Ohio State University adaptierte Sally Boysen ein Experiment, das Seyfarth und Cheney zuvor mit Vervetmeerkatzen durchgeführt hatten. Ein Muttertier dieser Spezies wurde zweimal einer Bedrohung ausgesetzt; in einem Falle konnten sowohl sie als auch ihr Kind die Bedrohung sehen, im anderen Falle konnte nur die Mutter die Bedrohung sehen, und es war klar, dass das Kind es nicht konnte. In dem Experiment ging es darum, festzustellen, ob die Mutter unterschiedlich reagierte, im Grunde also darum, ob die Mutter abhängig vom Wissensstand des Kindes Unterschiede machte.

Boysen beschloss, das Gleiche mit Schimpansen zu machen. In ihrer Version versteckte sie sich in einem Käfig, und zwar so, dass Darryl, ein erwachsenes Männchen im Nachbarkäfig, sie sehen konnte, während Kermit, ein junger Schimpanse, der in den Käfig hineingeführt wurde, von ihrer Anwesenheit nichts ahnen konnte. Darryl unternahm keinerlei Versuche, Kermit auf Sallys Anwesenheit aufmerksam zu machen, wenn Sally Futter oder irgendwelche harmlosen Dinge in Händen hielt, aber wenn sie mit einem Beruhigungsgewehr bewaffnet war, gebärdete Darryl sich wie wild, sobald Kermit in den Käfig geführt wurde. Kermit seinerseits blieb wie angewurzelt stehen, drehte sich um und verließ den Käfig, ohne auch nur zu erkunden, weshalb Darryl solch ein Theater machte. Dieser Versuch wurde mit mehreren Schimpansen wiederholt, die Darryls Rolle spielten, und Sally zufolge zeigten sie nur Stress oder Angst, wenn Sally das Gewehr hatte und wenn ein anderer Schimpanse sich ihrem Versteck näherte.

Wenn Tiere über einen gewissen Grad an Selbsterkenntnis verfügen sowie über die Fähigkeit, Vermutungen über den Wissensstand anderer anzustellen, ergibt sich eine natürliche Frage: Welche Rolle spielt diese Fähigkeit im Alltagsleben eines Tieres? Menschen können (manchmal) ihre Begierden bezähmen, wenn ihre Intelligenz sie in eine andere Richtung führt. Können Tiere das ebenfalls? Eins von Boysens provokativeren Experimenten beschäftigt sich mit der Frage, bis zu welchem Grad die Fähigkeit eines Schimpansen zur Vernunft seinen Trieben untergeordnet ist.

An diesem Experiment waren zwei Schimpansen beteiligt: Sheba, ein Weibchen von der Ohio State University, und Sarah, die Schimpansin, mit der David Premack seine frühen Sprachexperimente gemacht hatte. Das Experiment beruhte im Wesentlichen auf einem Spiel, bei dem Sheba zwei Schalen mit einer unterschiedlichen Menge an Leckerbissen gezeigt wurden. Die erste Schale, auf die sie zeigte, erhielt Sarah, was bedeutete, dass Sheba auf die kleinere Menge zeigen musste, um selbst die größere zu bekommen. Wenn sie die Leckerbissen tatsächlich vor sich sah, zeigte Sheba unausweichlich auf die größere Menge, nur um mit ansehen zu müssen, wie man sie Sarah gab. Wenn man das echte Futter durch Münzen ersetzte und das Futter erst zuteilte, nachdem Sheba ihre Wahl unter den Schalen mit Münzen getroffen hatte, begriff Sheba dagegen sofort, dass sie nur auf die kleinere Menge zu zeigen brauchte, um die größere Menge zu bekommen. So wie es schien, ließ Sheba sich vom Anblick echten Essens in Versuchung führen, und ihre Triebe waren immer wieder stärker als ihre Fähigkeit zu vernünftiger Überlegung. Wenn die Versuchung entfernt wurde, konnte Sheba ihre kognitiven Fähigkeiten auf das Problem anwenden und das von ihr begehrte, wenn auch egoistische Ergebnis erzielen. Der winzige Unterschied zwischen dem Anblick der Leckerbissen und der Reaktion darauf sowie dem Anblick des Symbols und der Einschätzung desselben genügte, um die sensorische Information auf eine Weise umzuleiten, die es der Schimpansin ermöglichte, ihre analytischen Fähigkeiten einzusetzen.

Psychologen haben ähnliche Spiele mit Kindern verschiedenen Alters durchgeführt, mit autistischen Kindern und Kindern mit Down-Syndrom. Vierjährige Kinder und Kinder mit Down-Syndrom begreifen, dass sie, wenn sie auf eine kleinere Menge mit Essen zeigen, die größere bekommen werden. Dreijährige und autistische Kinder tun das nicht. Das legt die Vermutung nahe, dass die kognitiven Fähigkeiten eines Kindes sich irgendwann im Laufe des menschlichen Reifungsprozesses zu dem Punkt hin entwickeln, an dem sie diesen Zusammenhang begreifen: dass sie nur den Drang überwinden müssen, sich für die größere Menge an Leckerbissen zu entscheiden, um zu bekommen, was sie wirklich wollen. Das Ergebnis dieses Versuches deutet außerdem darauf hin, dass Sheba und andere Schimpansen sich unmittelbar auf dieser Schwelle befinden. «Im Laufe eines einzigen Nachmittags konnten wir Sheba dazu bringen, wie eine Dreijährige beziehungsweise wie eine Vierjährige zu reagieren, einfach indem wir das Objekt, das sie betrachtete, vertauschten», sagt Boysen.

Marc Hauser von Harvard hat sich ebenfalls mit dem Phänomen beschäftigt, dass der Körper die Oberhand über den Verstand gewinnt. Im Hinblick auf den Sally/Ann-Test weist er zum Beispiel auf Folgendes hin: Jüngere Kinder zeigen möglicherweise auf die Schachtel, in der die Murmel liegt, aber sie sehen häufig zu dem Beutel hinüber, in dem Sally nachsehen wird, was darauf hindeutet, dass sie wissen, dass Sally die Murmel dort suchen wird. Aber sie zeigen trotzdem weiter auf die Schachtel mit den Murmeln. Hauser zufolge liegt das wie im Falle Shebas daran, dass die Wirklichkeit an dieser Stelle ihres kleinen Lebens machtvoller ist als der Gedanke.

Der britische Psychologe Andrew Whiten von der University of St. Andrews in Schottland hat seine Karriere dem Studium von Betrug und Bewusstsein im Tierreich gewidmet. Ihm zufolge bestärken die dramatischen Unterschiede, die diese Studien bloßlegen, den Gedanken an einen «mentalen Rubikon, nicht den vertrauten Rubikon, bei dem die Menschen auf der einen Seite und alle übrige Kreatur auf der anderen steht, sondern einen, bei dem sich zumindest Menschen und Affen auf derselben Seite befinden».

Wie bei allen Untersuchungen, die sich mit höheren geistigen Fähigkeiten befassen, ist nichts so klar, wie wir es gern hätten. Da er eine beträchtliche Anzahl von Versuchsdurchläufen benötigte, bis sein Experiment glatt über die Bühne ging, hat Povinelli sich von der Behauptung distanziert, Schimpansen verfügten über eine Theorie des Bewusstseins. Auf der anderen Seite des «mentalen Rubikon» mögen, so Marc Hauser, etwa Krallenaffen über eine gewisse Wahrnehmung des Gemütszustands ihrer Artgenossen verfügen. Aber von dieser Einschränkung abgesehen, ist Whitens Begeisterung für einen mentalen Rubikon wahrscheinlich gerechtfertigt, und die Kette von Experimenten, die Premack und Dennett ausgelöst haben, zählt zu den lebhafteren Entwicklungen bei der Erfassung des Bewusstseins bei Tieren in den letzten Jahrzehnten.

Die Tiere, die auf unserer Seite von Whitens mentalem Rubikon stehen, verfügen über mindestens eine der grundlegenden Fähigkeiten, wie sie für das nebulöse Etwas, das wir Intelligenz nennen, notwendig sind. Wir wissen vielleicht nicht, was Intelligenz ist – nur eine bestimmte Fähigkeit oder eine Ansammlung von Talenten, die wir in einem Begriff zusammenfassen –, aber wir können beschreiben, was Intelligenz bewirkt.

Intelligenz befähigt Tiere, im Geiste verschiedene Alternativen zu prüfen, bevor sie in der realen Welt ein Risiko eingehen. Ein wichtiger Teil dieses Prozesses ist die Erkundung der Absichten und die Vorwegnahme der Reaktion anderer beteiligter Tiere. Wie Andrew Whiten es ausdrückt: «Beim Schach oder sogar beim Tischtennis ist ein guter Spieler imstande, die Absichten seines Gegenübers zu erahnen und vorauszusehen, was er vielleicht als Nächstes tun wird.» Es ist eine Sache, dies auf der Grundlage von Körpersprache zu tun, aber eine ganz andere, sich über die Körpersprache hinaus und in die unsichtbare Gedankenwelt eines anderen Gehirns zu begeben.

Die Frage, ob ein Tier die Absicht eines anderen erraten kann, lässt überdies gewisse Rückschlüsse auf einen der evolutionären Zwänge zu, die solche Fähigkeiten vielleicht hervorgebracht haben. Es ist wahrscheinlich kein Zufall, dass die Tiere mit der am höchsten entwickelten Fähigkeit, die Absichten anderer zu erkennen, Tiere, die dieses Wissen auch für Täuschungsmanöver nutzen, diejenigen sind, die in großen sozialen Gruppen mit komplexen und wandelbaren sozialen Interaktionen leben. Tatsächlich hat der britische Anthropologe Robin Dunbar nachgewiesen, dass, je größer und komplexer die soziale Gruppe ist, umso größer der Neocortex eines Tieres wird, der Teil des Gehirns, in dem wir unsere Pläne schmieden und uns unsere Täuschungsmanöver zurechtlegen.

Warum hat nicht jedes Tier solche Fähigkeiten entwickelt? Zum einen zieht das größere Gehirn, das für geistiges Schach vonnöten ist, Blut aus den Muskeln ab. Die Natur hat die Muße von Millionen Jahren, um ihre Experimente durchzuführen, und die Beziehung zwischen komplexen sozialen Netzwerken und größeren Gehirnen gibt einen groben Hinweis darauf, dass die Sicherheit innerhalb einer großen Gruppe die Umleitung von Blut ins Gehirn rechtfertigt. Wir können also sagen, dass die Natur diese Art von Bewusstsein maximiert hat, und zwar bei den Arten, bei denen es definitiv von Vorteil ist zu wissen, was in den Köpfen anderer vorgeht, auch wenn das betreffende Tier dadurch ein verringertes körperliches Reaktionsvermögen in Kauf nehmen muss.

Es steht außer Frage, dass wir als Spezies für solche Aktivitäten optimiert sind. Es steht gleichermaßen außer Frage, dass sich als Preis für unser voll durchblutetes Gehirn unsere körperliche Robustheit verringert hat. Alle Menschenaffen, mit Ausnahme der Gibbons (die nur ein paar Pfund wiegen), verfügen über ein Mehrfaches unserer Kraft. Orang-Utans und Delphine haben zwar auf unserer Seite des mentalen Rubikon Fuß gefasst, aber wir halten dort eindeutig die Höhen besetzt. Bei buchstäblich allen Studien, die sich mit tierischer Intelligenz und Sprachfähigkeiten auseinander setzen, sinkt die Leistung in dem Maße, wie einer Aufgabe weitere Elemente hinzugefügt werden beziehungsweise je länger ein Experiment es einem Tier abverlangt, diese Elemente im Gedächtnis zu behalten.

Die Tierpfleger der Zoos machen sich diesen Vorteil nur allzu gern zunutze, indem sie ihre eigenen Tricks entwickeln, um die Tiere dazu zu bekommen, das zu tun, was sie wollen. Violet Sunde, die lange Jahre als Gorillapflegerin im Woodland Park Zoo gearbeitet hat, benutzte eine besonders einfallsreiche List bei Kiki, einem erwachsenen Männchen. Sie wollte, dass Kiki mit einer Filmcrew von *National Geographic* kooperierte, die den Zoo besuchte. Kiki hatte die Angewohnheit, auf einen Baum im Gehege zu klettern, was ein malerisches Bild ergab, aber in Anwesenheit der Filmcrew wurde der Gorilla plötzlich kamerascheu und ließ sich durch nichts dazu verlocken, auf den Baum zu klettern.

Nach einigen Tagen fragten sich die Leute von *National Geographic,* ob der Gorilla wohl je wieder auf den Baum klettern würde. Violet beschloss einzugreifen. Das Gehege wurde von Kameras überwacht, die Bilder an einen Bildschirm auf einem Schreibtisch im geschlossenen Bereich des Geheges weiterleiteten. Wenn sie im geschlossenen Bereich waren, konnten die Gorillas den Monitor sehen. Violet und die anderen Pfleger ließen den Monitor laufen, auch wenn sie nicht da waren, so dass die Gorillas sehen konnten, was im Gehege vorging. Eines Morgens richtete Violet mit Hilfe einer Fernsteuerung die Kamera auf den Baum in der Mitte des Geheges. Anschließend stieg einer der beweglicheren Zooangestellten auf den Baum und klemmte verschiedene Leckerbissen zwischen den Zweigen fest. Kurz darauf ließ man Kiki aus seinem Käfig. Trotz laufender Kameras marschierte er schnurstracks auf den Baum zu und kletterte hinauf.

Man könnte sagen, dass Violet Kiki überlistet hat, aber sehen wir uns an, welche Vermutungen Violet für ihre kleine Intrige angestellt hat. Sie musste davon ausgehen, dass Kiki die Assoziation zwischen dem Bild auf einem kleinen Bildschirm und einer nicht einsehbaren Wirklichkeit herstellen konnte, für sich genommen eine Fähigkeit, die der Gegenstand vieler Experimente und Diskussionen war. Violets Versuch, Kiki zu täuschen, fußte auf der Annahme, dass er bis zu einem gewissen Grad über die höheren geistigen Fähigkeiten verfügte, mit deren Hilfe er den Zusammenhang herstellte zwischen Bildern auf dem Bildschirm und realen Ereignissen, die an einem anderen Ort stattfanden, aber eine Beziehung zu seiner Welt hatten. Kurzum, Violet ist davon ausgegangen, dass Kiki über ein gewisses Bewusstsein verfügte.

Lassen Sie uns das im Kopf behalten, wenn wir uns nun einige der Täuschungsmanöver noch einmal ansehen, die ich oben angeführt habe. Sobald ein Tier eine gewisse Fähigkeit zu bewusster Wahrnehmung zeigt, beeinflusst diese Fähigkeit höchstwahrscheinlich auch seine kritischen Interaktionen mit den für ihn wichtigen Lebewesen. Das gilt insbesondere, da der Rüstungswettlauf des Intellekts, der dieses Bewusstsein überhaupt erst hervorgebracht hat, wahrscheinlich aus solchen Interaktionen hervorgegangen ist.

Daher ist es nicht zu weit hergeholt anzunehmen, dass der Schimpanse, der zur Vermeidung von Prügel ein Humpeln heuchelte, sich sein Bewusstsein zunutze machte. Gleichermaßen versuchten wahrscheinlich die beiden männlichen Schimpansen, die an dem zweifachen Täuschungsmanöver im Gombe Stream Reserve beteiligt waren, die Wahrheit «mit einem Schutzwall von Lügen» zu verteidigen, wie Winston Churchill es einmal ausdrückte.

Das Gleiche tat ein vier Jahre alter Gorilla namens Zuri im Woodland Park Zoo, wenn man ihm einen Leckerbissen hinwarf. Bemerkte er, dass Jumoke, ein großes erwachsenes Weibchen, herbeigestürmt kam, um das Futter für sich zu fordern, tat er mit großer Inbrunst so, als suche er den Leckerbissen im Gras des Außengeheges. Jumoke begann ebenfalls zu suchen, gab dann schließlich auf und ging weg. Sobald sie außer Sicht war, gab Zuri seine scheinbare Suche im Gras auf und marschierte schnurstracks in die Richtung, wo sich das Futter befand.

Denken Sie noch einmal an die Gorillas, die mit Hilfe von listenreichen Tricks Menschen in Reichweite lockten und dann versuchten, sie herumzuschubsen oder am Hemd zu packen. Sie versuchten durch Körperhaltung und Gesten, die Menschen auf falsche Ideen zu bringen – zum Beispiel «ich komme nicht an dich heran» oder «bitte, komm her, ich habe etwas, das ich dir zeigen möchte». Dahinter steckte der Plan, sich diese falsche Idee zunutze zu machen, um jemandem einen Streich zu spielen oder sich für etwas zu rächen. Genau das ist der Kern des Problems, das der Sally/Ann-Test zu enthüllen versucht.

Es würde mich nicht überraschen, wenn spätere Tests bei Elefanten, Papageien, Delphinen, Schwertwalen und einigen anderen höheren Säugetieren ebenfalls ergäben, dass diese Tiere die Gemütsverfassung anderer Geschöpfe wahrzunehmen vermögen. Und vielleicht werden sogar einige Tiere, bei denen man das am wenigsten erwartet, eines Tages beweisen, dass sie über ähnliche Fähigkeiten verfügen. Denken Sie an meine verstorbene Katze Zephyr, die hochsprang, um meine Aufmerksamkeit zu erregen. Die Argumente, die in diesem Kapitel vorgelegt wurden, würden die Schlussfolgerung nahe legen, dass eine Katze nicht in der Lage sein dürfte, die verborgenen Gemütszustände eines Menschen zu durchschauen. Aber andererseits tun Katzen immer Dinge, zu denen sie eigentlich nicht in der Lage sein sollten.

Es ist tatsächlich so: Gerade wenn man die Katzen einem der unteren intellektuellen Bereiche bei den Säugetieren zuordnen will, komplizieren sie die Dinge, indem sie etwas ausgesprochen Raffiniertes tun. Bei einer Konferenz über Wissen bei Tieren in Straßburg galt eine längere Sitzung der Frage des Unterrichtens im Tierreich. So wie die «Cognitive Science» es definiert, ist das Unterrichten eine hoch entwickelte kulturelle Aktivität, weil es sich durch Selbstaufopferung auf Seiten des Lehrers auszeichnet (so kann man es zum Beispiel nicht als Unterrichten bezeichnen, wenn ein Tier einfach seine Jungen zusehen lässt, während es irgendeine Tätigkeit zu seinem eigenen Nutzen ausführt). Es gibt jedoch noch andere Hinweise darauf, dass ein Lehrer versucht, eine bestimmte Fähigkeit zu vermitteln.

Während dieser Sitzung kam die Rede auf einen Fall, den Christophe Boesch, ein Schweizer Wissenschaftler, beschrieben hat. Es ging um einen Schimpansen im Tai-Wald in Westafrika, der seinen Jungen zeigte, wie man mit einem Stein Nüsse knackt. Ein anderer Forscher berichtete von einer Gruppe wilder Schwertwale, die dabei beobachtet wurden, wie sie eine Beute einkreisten und anscheinend ihre Jungen in verschiedenen Jagdtechniken unterwiesen. Es entspann sich eine Diskussion über diese beiden zugegebenermaßen dürftigen Beispiele, und so manch einer der Anwesenden konnte sich nur am Kopf kratzen, weil es so wenige Beweise dafür gibt, dass einige der intelligentesten Geschöpfe im Tierreich sich als Lehrer betätigen.

Dann brachte irgendjemand boshafterweise die Rede auf Tiger. Es erweist sich nämlich, dass Tiger am ehesten noch die Kriterien erfüllen, die Wissenschaftler für das Vorhandensein einer Pädagogik aufgestellt haben. In diesem Punkt scheinen diese Tiere fast allen anderen überlegen zu sein. Tigerjunge müssen zum Beispiel lernen, wann sie ihre Beute töten müssen, indem sie sie an der Kehle packen, und wann sie sie mit einem Biss in den Nacken töten. (Für die Möchtegerntiger unter meinen Lesern sei dazu folgende Erklärung abgegeben: Wenn das Opfertier Hörner hat, tötet man es vorzugsweise, indem man es an der Kehle packt, statt es in den Nacken zu beißen, weil man damit das Risiko einer ernsthaften Verletzung minimiert.) Bedeutet das, dass Katzen klug sind? Oder muss ein Tier nicht unbedingt klug sein, um die Kriterien für das Unterrichten zu erfüllen? Eingedenk der Worte von Donald Griffin, dass Bewusstsein im Tierreich durchaus weit verbreitet sein könnte, versuche ich, in dieser Hinsicht offen zu bleiben.

Es ist leicht, einer Katze, einem Hund oder sogar einem Delphin, einem Schimpansen oder einem Orang-Utan irgendeinen Anreiz zu geben, der eine instinktive Reaktion provoziert. Man braucht es nur häufig genug zu tun, dann sehen die Tiere langsam aus wie Aufziehspielzeuge, und die Unterschiede zwischen Tier und Mensch werden immer gewaltiger. Aber die Arbeiten von Shumaker, Sillito, Hauser, Boysen, Whiten, Byrne und vielen anderen lassen den

Schluss zu, dass hinter und neben diesen mechanischen Reaktionen bei vielen Arten ein gewisses Maß an Bewusstsein und Wahrnehmung vorhanden ist. Ob man nun der Meinung ist, das Tierreich sei mit Automaten bevölkert oder mit Empfindungen belebt, hängt daher eher davon ab, wie wir andere Geschöpfe betrachten, als von der Frage, was in den Köpfen der Tiere selbst vorgeht.

# Das Schwein, das nicht schnell genug zur Arbeit kommen konnte

## *Kooperation bei Arbeit, Konflikten und Heilmaßnahmen*

Warum sollte ein Tier den Wunsch haben, mit einem Menschen zu kooperieren? Der Verhaltensforscher würde sagen, dass Tiere kooperieren, wenn sie durch Verstärkung lernen, dass eine Kooperation in ihrem eigenen Interesse liegt. Das stimmt, soweit die Dinge dadurch erfasst werden, aber ich glaube nicht, dass es wirklich schon alles sagt. Denn es gibt ja ganz verschiedene Belohnungen. Bei Menschen kann die immaterielle Verstärkung, die aus Selbstachtung, Ehre und dem Streben nach Erfolg erwächst, weitaus motivierender sein als materielle Belohnungen. Möglicherweise ist es für ein Tier auch wichtig, das Gefühl zu haben, dass es irgendeinen Zweck verfolgt, dass dieser Zweck für soziale Tiere sinnvolle Interaktionen mit anderen umfasst und dass die aus Kooperation erwachsene Selbstachtung vielleicht wichtiger ist als der Keks, den das Tier für seine Mitarbeit bekommt.

Die Tierpfleger der Zoos gehen jedenfalls davon aus. Wer mit Tieren arbeitet, tut sein Bestes, um die materiellen wie auch die immateriellen Bedürfnisse verschiedener Tiere zu verstehen, und zwar aus dem Wunsch heraus, die Langeweile und Sinnlosigkeit der Gefangenschaft etwas zu lindern. Mit Hilfe von Bereicherungsprogrammen wird ein Gepard im Zoo von San Diego vielleicht immer noch die Erregung der Jagd verspüren, wenn er in einem eigens dazu konstruierten Wettlauf einer Pseudobeute hinterherläuft. In

Schottland müssen Tiger zu bestimmten Zeiten einen sieben Meter hohen Pfosten hinaufklettern, um ihr Futter zu bekommen. Wie Karen Pryor festgestellt hat, garantieren solche zoologischen Arbeitsprogramme glücklichere Tiger. Derlei Aktivitäten vermitteln den Tieren das Gefühl zu jagen, was einen Teil der Freude an einer Mahlzeit ausmacht.

Zoobereicherungsprogramme geben den Tieren ein Element der Kontrolle zurück und damit ein gewisses Maß an Würde. Viele Streiche, Tricks und Fluchtversuche von gefangenen Tieren scheinen ihren Grund in dem Wunsch zu haben, sich Unabhängigkeit und Kontrolle zu sichern. «Bei echter Bereicherung», so sagt Rob Shumaker, «geht es nicht um Bälle und Stöcke, sondern um das, was wir alle wollen, nämlich Kontrolle über unsere Umgebung.»

Das führt uns wieder zurück zum Thema Kooperation. Meistens nehmen die Tiere die Bedingungen der Gefangenschaft nicht einfach hin, und Kooperation ist eine Methode, mit der ein Tier sich eine gewisse Kontrolle sichern und in den Bedingungen seiner Gefangenschaft eine gewisse Bedeutung entdecken kann. Gail Laule erzählt, dass Orky, der Schwertwal, den Spieß umgedreht und Kooperation zu einer Belohnung für seine Trainer gemacht habe, wenn die Menschen ihn mit Respekt behandelten. Das gilt für viele stolze Tiere. Chris Wilgenkamp, der Elefantenpfleger im Bronx Zoo, sagt, dass die Elefanten interaktive Spiele mit den Trainern lieben, weil die Dickhäuter die Interaktionen kontrollieren.

Eine Bereicherung ihres Lebens macht Tiere überdies auch bei tierärztlichen Untersuchungen kooperativer. Indem sie eine Untersuchung in ein witziges Spiel mit Belohnungen verwandelten, haben Wilgenkamp und seine Kollegen einigen jungen Tigern im Bronx Zoo beigebracht, zum Maschendrahtzaun gelaufen zu kommen und den Zooärzten ihre Tatzen und Bäuche zu zeigen. Manchmal geht die Kooperation eines Tieres so weit, dass es seine Pfleger sogar daran erinnert, wie sie ihre Arbeit zu tun haben. Loraine Hershonik, eine diensältere Löwenpflegerin im Bronx Zoo, berichtete von einer alten Löwin namens Kathrin, die eines Tages feststellte, dass ein Tor eines Außenkäfigs fast unverschlossen war. «Sie brüllte», sagt Loraine. «Es war fast so, als wolle sie mich darauf aufmerksam machen: ‹Das ist nicht normal.›»

Eine Reihe von Zootieren ahmen die Arbeitsabläufe der Pfleger aktiv nach. So reinigt Ivan zum Beispiel seinen Käfig, wenn man ihm einen Lappen gibt. Als ich das erste Mal nach Tanjan Puting kam, der Rehabilitations- und Forschungsstation für Orang-Utans, die Birute Galdikas in Borneo betreibt, konnte ich ein junges Orang-Utan-Weibchen beobachten. Das Tier war gerade damit beschäftigt, ein Kleidungsstück mit großer Energie zu säubern, eine Nachahmung der einheimischen Mädchen, die draußen Kleider wuschen. Und als Pfleger im Zoo von Topeka einen männlichen Orang-Utan namens Jonathan nach einem seiner vielen Fluchtversuche außerhalb des geschlossenen Bereichs entdeckten, wischte das große Männchen mit einem Gummischrubber den Boden auf. Einer der Pfleger machte daraufhin, nur halb im Scherz, den Vorschlag, dass sie ihn seine Arbeit beenden lassen sollten, bevor sie ihn in den Käfig zurückschafften.

Kooperation ist immer dann am interessantesten, wenn sie von Tieren kommt, von denen man sie am wenigsten erwarten würde – wie zum Beispiel im Falle der großen Katzen. In puncto Intelligenz sind Katzen, große wie kleine, ein Rätsel. Sie sind anpassungsfähig und flexibel, aber nach den traditionellen Schemata, anhand deren Wissenschaftler ein Potential an Intelligenz ermitteln (wie zum Beispiel das Verhältnis von Gehirn zu Körpergewicht), dürften sie nicht annähernd über die Lernkapazitäten oder das Bewusstsein von Affen verfügen. Reduoun Bshary, ein Ethoökologe, brachte es auf den Punkt: «Warum sollte ein Leopard klug sein müssen? Er ist doch schon perfekt.»

Aber (und das kann gar nicht zu oft gesagt werden) Katzen tun mit Wonne gerade die Dinge, die man nicht von ihnen erwartet – oder die man ihnen nicht zutraut. Jeder, der Katzen kennt, weiß, dass sie in gewisser Hinsicht sehr klug sind und in anderer Hinsicht dumm oder zumindest halsstarrig. Außer Zweifel steht indes, dass jede Kooperation, zu der man eine Katze, sei sie groß oder klein, verleiten kann, eine große Geste von Seiten der Katze ist.

Rick Glassey, ein Tiertrainer, ist seit 1974 im Geschäft – aufgrund seiner Fähigkeit, große Katzen dazu zu bewegen, bei Filmaufnahmen mitzumachen. Er kam zu diesem Job, weil er die großen Katzen liebte, und seine Gruppe aus Tigern, Löwen, Pumas, Leoparden und Panthern hat in Dutzenden von Filmen mitgewirkt, einschließlich jüngerer Filme wie *Doctor Dolittle* und *Panik um King Kong*. Der Schlüssel, um eine Beziehung zu den großen Katzen aufzubauen, ist laut Glassey folgender: Man muss die Tiere dazu bringen, zu erkennen, dass man ihnen gegenüber fair ist. Da sie so empfindlich auf unbeabsichtigte Kränkungen reagieren, arbeitet Rick grundsätzlich nicht mit ihnen an solchen Tagen, an denen er schlechte Laune hat. (Die Vorstellung, dass große Katzen Gedanken lesen können, ist auch von etlichen Pflegern geäußert worden. Vielleicht verfügen sie doch über eine Theorie des Bewusstseins.)

Glasseys Katzen wurden durchweg in Gefangenschaft geboren, und er baute schon sehr früh eine starke Beziehung zu ihnen auf, aber er beteuert, dass diese Beziehungen nicht auf Angst gegründet seien. «Dauernd kommen Leute hierher», sagt Glassey, «und wollen die Katzen mal ausführen. Ich höre dann immer wieder: ‹Ich habe keine Angst vor ihnen›, aber, hm, ich bin mir nicht sicher, ob es die Katzen wirklich interessiert, ob man Angst vor ihnen hat oder nicht.»

Fairness bedeutet in diesem Zusammenhang, die Bedürfnisse der Katzen zu respektieren. Sie wollen sich die Beine vertreten und so tun, als seien sie große Katzen draußen in freier Wildbahn, daher nimmt Glassey sie regelmäßig mit in das Wüstenhochland hinaus, das sein Gelände in Nevada umgibt. Ich habe Rick bei einigen solcher Ausflügen begleitet, und zwar abwechselnd mit einem heranwachsenden Tiger, einem jungen Löwen und einem achtzehn Jahre alten Tiger namens Jake, der immer noch in Filmen auftritt. Obwohl die Katzen nicht an der Leine waren, respektierten sie alle die Bedingungen des Spaziergangs, und keines der Tiere ging auf mich los (Rick hatte mir versichert, dass sie genau das tun würden, wenn er nicht in der Nähe wäre), und sie unternahmen auch keine Fluchtversuche.

Bei einem dieser Ausflüge in die Wüste kam es zu einer sehr komischen Szene, als wir uns einer Straße näherten, die zu einem Wildpark führte. Seamus, ein fast ausgewachsener Tiger, hatte sich auf Streifzügen durch den Busch großartig amüsiert. Als dann ein Wagen näher kam, kauerte er sich hinter einem Salbeibusch nieder und ging in Deckung, ganz der unsichtbare Tiger. Dann stand er auf und setzte seinen Spaziergang Seite an Seite mit Rick fort, während der Wagen weiter auf den Park zufuhr. Die Menschen darin freuten sich darauf, Bären und Elche zu sehen, und hatten nicht die leiseste Ahnung, dass sie gerade an einem Tiger vorbeigekommen waren, der keine dreißig Meter von ihrem Wagen entfernt frei herumlief. Wenn die großen Katzen freigelassen werden, laufen sie als Erstes los, um die anderen Katzen in ihren Käfigen zu begrüßen, auch wenn die meisten dieser anderen Arten Todfeinde wären, falls sie einander jemals in freier Wildbahn begegneten. So läuft Mufasa, der dreizehn Monate alte Löwe, sofort zum Nachbarkäfig mit den jungen Tigern hinüber und rubbelt mit der Flanke freundschaftlich an den Gitterstäben entlang. «Sie sind die besten Kumpel, solange sie sich im Käfig befinden», meint Rick und fügt hinzu, dass die Tiger dem jungen Löwen zu grob sind.

Mufasa folgt uns dann in den Busch und macht sich bald zu einem kleinen Streifzug selbständig. Rick scheint das nicht die geringsten Sorgen zu machen. «Ich bin sein ganzer Stolz», erklärt er, «daher entfernt er sich nie allzu weit von mir. Wenn wir ins Freie gehen, laufe ich meistens einfach drauflos, und er folgt mir.» Nach einer Weile findet Rick, es sei an der Zeit, den jungen Löwen in sein Gehege zurückzubringen. Ich sehe mich um und kann nichts entdecken und frage ihn, woher er weiß, wo der Löwe ist. «Ich brauche nur einen Blick auf die anderen Katzen zu werfen», antwortet er. Und tatsächlich, sie befinden sich alle im hinteren Teil ihrer Käfige und schauen voller Neid zu einer Stelle hinüber, die etwa fünfzig Meter hinter dem Gehege liegt.

Glassey sagt, die großen Katzen wüssten es nur allzu gut, wenn sie unartig sind. Nachdem er Jake hinausgelassen hat, begrüßt der fünfhundert Pfund schwere Tiger zuerst die anderen Katzen und geht dann zu einem Rasenstück hinüber, wo Rick einen Sprenger aufgestellt hat. Zu Jakes Lieblingsspielen gehört der Versuch, in den Wasserstrahl zu beißen. (Das kommt Rick sehr viel billiger als ein anderer Zeitvertreib des Tigers, als dieser ein übermütiger Zweijähriger war und auf einem Bauernhof in New Jersey lebte. Damals lief er mit besonderer Freude zu den Traktoren hinüber und durchlöcherte mit einem einzigen gewaltigen Bissen die fünfhundert Dollar teuren Reifen.) Nachdem er einen Augenblick lang mit dem Wasserstrahl gespielt hat, macht Jake Anstalten, in den Schlauch zu beißen. Mit strenger Stimme ermahnt Rick ihn sofort: «Jake, nein!» Jake blickt auf, die Unschuld in Person, und räuspert sich (ein Tigergrunzen, das bedeutet, dass alles okay ist), als wolle er sagen: «Ich wollte ja gar nicht wirklich reinbeißen.» Früher arbeitete Glassey bei Marine World in Kalifornien, und er erinnert sich noch gut an einen Tiger, der mit Leidenschaft Bäume niederriss, die Rick gepflanzt hatte. Wenn der Tiger nach einer solchen Schandtat Rick kommen sah, lief er davon und hielt sich die Augen mit den Pfoten zu. Vielleicht dachte der Tiger das Gleiche wie ein zweijähriger menschlicher Knirps, dass er nämlich unsichtbar sei, wenn er sich nur die Augen zuhielt.

Trotz seines bemerkenswert guten Verhältnisses zu den großen Katzen weiß Glassey, dass die Kooperation, die er von seinen tierischen Schauspielern erwarten darf, ihre Grenzen hat. Filmregisseure neigen laut Glassey dazu, die großen Katzen so zu betrachten, als seien sie einfach behaarte Schauspieler, aber, so bemerkt er: «Wenn man sie dazu bewegen kann, zu laufen, zu springen, an einer bestimmten Stelle stehen zu bleiben und zu knurren, dann hat man schon viel erreicht.»

Wenn weniger vollkommene Geschöpfe als große Katzen in gewisser Weise klüger sein müssen, so gründet sich ihre Bereitschaft zur Kooperation mit Menschen doch auf so fundamentale Gebote wie Vertrauen, Verständnis und Respekt. Gail Laule erinnert sich an eine Reihe von Situationen, in denen Orky klar machte, dass ihm ein solcher Respekt seiner Meinung nach nicht zuteil geworden war. Bei einer solchen Gelegenheit übten Orky und ein Trainer in Marineland ein Kunststück ein, bei dem der Trainer auf dem Rücken des Schwertwals durch das Becken ritt. Als er ein hübsches Mädchen ausmachte, ließ der Trainer Orky an den Rand schwimmen. Der Trainer stieg vom Rücken des Wals und begann, mit dem Mädchen zu flirten, während Orky am Beckenrand seine Schwanzflossen abkühlte. Als der Trainer sich endlich umdrehte, um wieder auf den Wal zu steigen, trat er nicht auf dessen Rücken, sondern in dessen weit geöffnetes Maul.

Orky hatte diese Methode mehr als einmal benutzt, um einen Trainer wissen zu lassen, dass er für seine Kooperation als Gegenleistung Respekt erwartete. Gail sagt, dass man in Orkys Verärgerung verschiedene Stadien erkennen könne. Zuerst würden seine Augen rot. Dann bespucke er den Betreffenden mit Wasser. Wenn man dann immer noch nicht verstehe, was er wolle, stütze der Wal sein Kinn auf den Rand der Plattform, von dem aus die Trainer Befehle geben, und schlage mit dem Schwanz, «als wolle er sagen: ‹Ich bin ein Schwertwal, und ich könnte dich kriegen, wenn ich wollte›», so berichtet Gail. Oder wenn er einen Trainer auf dem Rücken habe, schwimme er mit ihm in die Mitte des Beckens und bringe ihn nicht mehr zurück. Um extremer Verärgerung Ausdruck zu verleihen, spucke er kräftiger. Trotz der eskalierenden Drohungen, so erklärt Gail, habe der Wal sein Temperament stets unter Kontrolle gehabt, und selbst nach einem Wutanfall kam er herbeigeschwommen und ließ sich von jemandem den Rücken streicheln.

Einmal reagierte ein Trainer, ein ausgesprochener Macho, einfach nicht auf Orkys zunehmend dringliche Signale, dass es dem Wal nicht gefiel, wie der Trainer ihn behandelte. Als seine Geduld sich am Ende wirklich erschöpft hatte, brachte Orky mitten in einer Show seine Meinung zum Ausdruck. Wie der Blitz, so erzählt Gail, brach er in einer unplanmäßigen Abwandlung der Nummer aus dem Wasser hervor, packte den Trainer, der ihn geärgert hatte, mit dem Maul und ließ ihn dann wieder los. Obwohl der Trainer immer noch nicht kapierte, was los war, wusste der Rest des Personals von Marineland Bescheid, und man wies dem Mann wieder eine Arbeit mit anderen Tieren zu.

Das Personal von Marineland musste Orky nicht nur deshalb Respekt erweisen, um ihn an die Arbeit zu bekommen, sie brauchten auch seine Kooperation, wenn sie mit seiner Gefährtin, Corky, arbeiten wollten. Zumindest in Gefangenschaft scheinen Schwertwale sehr altmodische Vorstellungen über Paarbeziehungen zu haben, was bedeutet, dass Orky Corky beherrschte. Wenn Corky bei einer Nummer nicht mitmachte, mussten die Trainer herausfinden, ob es daran lag, dass sie einfach launisch war, oder ob sie Instruktionen von Orky befolgte. So gab es zum Beispiel Tage, an denen Orky all seine Kunststücke perfekt vorführte, während Corky verdrossen vor sich hin schmollte. Bei solchen Gelegenheiten verweigerten die Trainer Orky die übliche Belohnung. Wenn er das Weibchen nicht beherrschte, würde er über diese Ungerechtigkeit wütend werden. Wenn aber Orky Corky die Anweisung gegeben hatte zu verweigern, würde er sie veranlassen, wieder mitzumachen.

«Wir mussten wirklich herausfinden, was da vorging», sagt Gail, «also erarbeiteten wir einen Kompromiss und trafen ein Abkommen.» Wenn Corky sich auf Orkys Anweisung hin schlecht benahm, holte er sie herbei und bekam als Gegenleistung dafür Fische und Dankbarkeitsbezeugungen. Orkys Macht über Corky war seine Art, Dominanz auszudrücken – weniger über Corky als über die Menschen in der unnatürlichen Situation der Gefangenschaft. Eine Randbemerkung zu diesem Thema: Orkys altmodische Haltung gegenüber weiblichen Wesen hatte auch eine ritterliche Seite. Als Corky trächtig war, wurde er butterweich, und sie konnte, so sagt Gail, «ihm auf dem Kopf herumtanzen».

Gail setzt beim Training und in der psychologischen Arbeit auch die Methode der operanten Konditionierung ein. Obwohl sie Techniken der Verhaltensforschung benutzt, klingt Gail absolut nicht wie eine Behavioristin. «Ich verwende die Methode der operanten Konditionierung», sagte sie einmal zu mir, «aber ich weiß auch um ihre Grenzen. So ist es zum Beispiel erheblich einfacher, mit einem Delphin zu arbeiten, wenn man davon ausgeht, dass er ein intelligentes Wesen ist.» Dann fügte sie hinzu: «Das galt ganz sicher in Orkys Fall. Von allen Tieren, mit denen ich je gearbeitet habe, war

Orky das intelligenteste.» An dieser Stelle zögerte sie ein wenig, als suche sie nach dem richtigen Wort, dann fügte sie hinzu: «Und das durchtriebenste. Er pflegte sich zurückzulehnen und eine Situation abzuschätzen, um dann auf der Basis seiner Beobachtungen und seines Urteils zu handeln.»

Gails denkwürdigstes Beispiel dafür hatte wiederum etwas mit einem Baby zu tun. Ende der siebziger Jahre gebar Corky ein Schwertwalbaby, dessen Vater Orky war. Das Baby wollte nach seiner Geburt nicht recht gedeihen, und nach etwa zwei Wochen beschlossen die Tierpfleger, den kleinen Schwertwal aus dem Becken zu nehmen, um ihn intensiv zu pflegen und selbst zu füttern. Um Orky und Corky nicht aus dem Gleichgewicht zu bringen, wollten die Pfleger den Wasserpegel im Becken nicht senken, sondern das Baby im Wasser auf eine Trage legen. Dieses Manöver gelang ihnen tatsächlich, und das Baby wurde gefüttert; aber als es Zeit wurde, den kleinen Wal wieder ins Becken zurückzuschieben, lief das Ganze aus dem Ruder. Tim Desmond war bei dem Manöver zugegen. Er erzählt, dass der Mann, der den Kran bediente, keinen ausreichenden Blick auf das Becken hatte und deshalb die Trage nur bis ein oder zwei Meter über dem Wasserspiegel absenkte. Gleichzeitig begann das Baby zu erbrechen, sowohl durch das Maul wie durch das Nasenloch. Es bestand die Gefahr, dass der kleine Wal etwas von dem Erbrochenen aufsaugte, was zu einem lebensgefährlichen Fall von Lungenentzündung führen konnte. Es war, um es mit Tims Worten auszudrücken, «eine verzweifelte Situation», weil die Pfleger, die im Becken Wasser traten, nicht an das über ihnen in der Luft hängende Baby herankonnten.

Orky hatte die Prozedur mit bemerkenswerter Zurückhaltung beobachtet; Schwertwale können sehr aggressiv werden, wenn es gilt, ihre Nachkommen zu beschützen. Es sah so aus, als reagiere er auf das Problem, denn er schwamm unter die Bahre und ließ einen der Männer auf seinen Kopf steigen. Auch das war bemerkenswert, da er nie dazu ausgebildet worden war, Menschen auf dem Kopf zu tragen. Mit Hilfe der erstaunlichen Kraft seiner Schwanzflossen gelang es ihm dann, in der gleichen Position zu bleiben. Der Pfleger konnte jetzt nach oben greifen und die Halteleinen lösen, woraufhin das vierhundertzwanzig Pfund schwere Baby ins Wasser rutschte und die Pfleger ihm helfen konnten. Sobald das Baby wieder im Becken war, zog Orky sich zurück, um den Rest der Prozedur zu beobachten.

Die Kooperation zwischen einem gefangenen Tier und einem Menschen kann auch dann fortgesetzt werden, wenn das Tier die Möglichkeit zur Flucht hat. Das gilt natürlich grundsätzlich für Haustiere, bei denen eine solche Kooperation erwartet werden darf. Hunde, Katzen, Pferde und andere Haustiere sind eigens dazu gezüchtet worden, sich Menschen gegenüber freundlich, nützlich und kooperativ zu zeigen. Bemerkenswerter dagegen sind Beispiele für Kooperation zwischen Menschen und Tieren, die nie gezähmt wurden.

Eins der erstaunlichsten Beispiele für eine rein freiwillige Kooperation zwischen Mensch und Tier in freier Wildbahn hat sich in Santa Catarina ereignet, dem südlichsten Staat Brasiliens. Karen Pryor besuchte diese Gegend Ende der achtziger Jahre, um sich mit eigenen Augen ein absolut freiwilliges Bündnis zwischen Delphinen und Menschen anzusehen. Dieser Fall hat, städtischen Dokumenten zufolge, seinen Anfang in der Mitte des neunzehnten Jahrhunderts genommen. «Ich hatte bruchstückhafte Berichte über diese Geschichte gehört, dass dort Menschen und Delphine miteinander fischen gingen», sagt sie, «aber als ich nach Laguna kam und es selbst sah, klappte mir der Unterkiefer runter.»

Ihren Beschreibungen zufolge handelte es sich um eine höchst ritualisierte Begegnung, und diese Riten waren von Generationen von Delphinen weitergegeben worden – ebenso wie von Generationen von Menschen. Die Fischer stellen sich in einer Reihe in dem seichten, trüben Wasser in einer Bucht in der Nähe der Stadt Laguna auf. Bis zu zehn Delphine beziehen etwa sieben Meter weiter vom Land entfernt im Meer ihre Stellung. Wenn die Delphine eine Schule von Seebarben entdecken, tauchen sie unter, machen unter Wasser kehrt und erscheinen dann wieder an der Oberfläche, um auf die Fischer zuzuschwimmen. Kurz bevor sie in Reichweite der

Netze sind, machen die Delphine jäh Halt und verursachen so eine Oberflächenwelle, die die Seebarben das letzte Stück auf die mittlerweile vorbereiteten Fischer zutreibt, die jetzt ihre Netze auswerfen und die zu Tode erschrockenen Fische hereinziehen.

Pryor betont, dass das abrupte Innehalten und die Seitwärtsrolle, um das Wasser aufzuwühlen, nicht Teil eines normalen Atemprozesses sind, sondern eigens dazu ersonnen zu sein scheinen, genau diese Wirkung zu erzielen, nämlich die Fische auf das Netz zuzutreiben. Außerdem gibt es keine Kommunikation zwischen den Fischern und den Delphinen, es werden keine Signale weitergegeben, und die Fischer belohnen die Delphine auch nicht mit Seebarben. Karen Pryor stellt die Hypothese auf, dass die Delphine sich die von den Netzen verursachte Verwirrung zunutze machen, um alle Fische, die sie brauchen, zu fangen. Das Außerordentlichste an dem Ganzen ist vielleicht die Tatsache, dass jeder dieser Fischzüge von den Delphinen ausgeht. Das System fördert eine Menge Fische zutage, was voll und ganz erklärt, warum beide Arten ein Interesse daran haben, diese ungewöhnliche, artenübergreifende Zusammenarbeit fortzusetzen. Innerhalb einer halben Stunde konnte Pryor sechs solche Fischzüge beobachten, bei denen die Delphine Seebarben auf die wartenden Fischer zutrieben.

Nicht alle Delphine in der Umgebung von Laguna machen bei diesem Unternehmen mit. Einige Störenfriede mischen sich mit aggressiven Angriffen ein und verwüsten die Netze. (Vielleicht sind sie eifersüchtig, oder vielleicht wissen sie über die hohe Sterblichkeitsrate ihrer Artgenossen im östlichen Pazifik Bescheid, die als ahnungslose Späher Fischerboote auf Thunfische aufmerksam machen; in diesem Falle wäre es möglich, dass sie die mit den Menschen kooperierenden Delphine als Kollaborateure betrachten.) Wenn so etwas passiert, so erzählen die Fischer, werden die «bösen» Delphine von den «guten» vertrieben.

Da es auf beiden Seiten eine hinreichende Motivation gibt, das Arrangement aufrechtzuerhalten, um weiterhin Fische zu fangen, erfordert diese langfristige Zusammenarbeit weder von Seiten der Delphine noch von Seiten der Menschen Intelligenz. Es genügt der

Wunsch, weiterhin Belohnungen zu erhalten, indem das erlernte Verhalten fortgesetzt wird. Aber die Menschen sind intelligent und wissen, dass ihre Vorfahren da über eine nützliche Sache gestolpert sind, und man braucht seine Phantasie nicht überzustrapazieren für die Annahme, dass auch die Delphine, soweit sie über ein Bewusstsein verfügen, sich darüber im Klaren sind, dass sie mit einem anderen fühlenden Wesen zusammenarbeiten.

Das Ritual von Laguna ist nicht das einzige Beispiel für kooperatives Fischen zwischen Menschen und Delphinen und auch nicht das einzige Beispiel für zwei Arten, die gemeinsam Seebarben fangen. Tatsächlich ist es nicht einmal das einzige Beispiel für Menschen, die mit wilden Meeressäugern zusammenarbeiten. Von Brasilien aus gesehen auf der anderen Seite des Globus, in Südasien, haben Fischer sich mit wilden Ottern zusammengetan, die ebenfalls Fische in wartende Netze treiben.

Karen Pryor ist, was Bewusstsein bei Delphinen oder den meisten anderen Tieren betrifft, alles andere als eine Romantikerin. In den letzten Jahren neigte sie immer mehr der behavioristischen Schule zu, und ihrer Meinung nach lassen sich viele Studien, die Wissenschaftler als Beweise für höhere geistige Fähigkeiten anbieten, durch operante Konditionierung erklären. Sie stuft die Intelligenz der Delphine niedriger ein als die der Schimpansen, aber höher als die von Hunden. Doch obwohl sie einige der Studien über Sprache und Intelligenz bei Tieren in Zweifel zieht, lässt ihrer Meinung nach die überraschende behavioristische Flexibilität und Lernfähigkeit, die die Techniken der operanten Konditionierung bei verschiedenen Tieren zutage fördern, die Schlussfolgerung zu, dass Intelligenz auch bei etlichen anderen Tieren als Affen und Walen aufflackert.

Seit einigen Jahren hat Pryor sich zu einer Verfechterin des «Klapper»-Trainings entwickelt. Dabei werden das Geräusch einer Klapper und Belohnungen benutzt, um Tiere dazu zu bewegen, eine bestimmte Prozedur auszuführen. Die Klapper dient als Signal und sagt dem Tier, dass es dem Trainer einen Gefallen getan hat und einen Leckerbissen bekommen wird. Auch wenn das nach einer schlichten Reiz-Reaktions-Technik klingt, sagt Pryor, dass es ein Aha-Erlebnis gebe, wenn dem Tier ein Licht aufgeht und es begreift, dass es für eine bestimmte Tat belohnt wird. An dieser Stelle mache das Tier sich die ersten Gedanken über das, was es gerade getan hat.

Pryor hat zum Beispiel einmal mit einem Zirkuspferd gearbeitet, das die Angewohnheit hatte, während der Vorführung die Ohren anzulegen. Ganz gleich, wie viel Spaß ihm die Darbietung machte, wirkte es auf diese Weise immer höchst unglücklich. Pryor ließ den Trainer daher mit der Klapper ein Geräusch machen und dem Pferd einen Leckerbissen geben, wenn es ein Ohr bewegte. Nach einer Weile kam das Pferd dahinter, dass die Klapper und die Belohnungen etwas mit seinen Ohren zu tun hatten, und es fing an, sie auf verschiedene Art und Weise zu bewegen, so stellte es zum Beispiel mal das eine Ohr auf, dann legte es das andere an, und so weiter. Der Trainer reagierte jedoch nur, wenn das Pferd ein Ohr aufrecht hielt. In nur einer einzigen Unterrichtsstunde hatte der Trainer dem Pferd beigebracht, die Ohren aufrecht zu halten. «Als wir das Pferd mit seinen Ohren in verschiedenen Positionen experimentieren sahen», sagt Pryor, «sahen wir es denken.»

Sobald dem Tier ein Licht aufgegangen ist, brennt dieses Licht Pryor zufolge weiter, und das Tier fängt an, über Möglichkeiten der Kooperation mit seinem Trainer nachzusinnen. In einem Holzfällerlager im Staat Washington begann ein mit der Klapper trainiertes Arbeitspferd namens James spontan, die gefällten Baumstämme, die es herbeigeschleppt hatte, in säuberlichen Reihen anzuordnen. Das Pferd beobachtete, dass es genau das zu sein schien, was die Menschen wollten. Dasselbe Pferd versuchte, seinem Besitzer beim Ausheben von Löchern für Zaunpfähle zu helfen, indem es mit einer Schaufel hinter ihm her trabte.

Pryor glaubt, dass viel mehr Tiere als gemeinhin vermutet zu solchen Aha-Erlebnissen fähig sind. Mit Hilfe der Klapper brachte sie ihrem Terrier Skookum eines Tages bei, kreative Kunststückchen zu machen, so wie sie es einst einigen Delphinen gelehrt hatte. Wenn der Terrier das erste Mal einen Stuhl berührte, klapperte sie und belohnte ihn, dann belohnte sie ihn für den ersten Gegenstand, den er nach dem Stuhl berührte. Sie klapperte jedoch nicht, wenn er die gleiche Bewegung wiederholte, stattdessen klapperte sie und belohnte ihn, wenn er etwas anderes tat. Auf diese Weise brachte sie den Hund dazu, seine eigenen Spiele zu erfinden, zu denen eine höchst komische Nummer zählte, bei der der Terrier unter einen großen Pappkarton kroch und ihn durch den Raum bewegte; wer immer das Spektakel beobachtete, musste annehmen, dass der Karton über irgendeine mysteriöse Kraftquelle verfügte.

Rob Shumaker ist gleichfalls der Meinung, dass operante Konditionierung Ergebnisse bringen kann, aber er wendet ein, dass viele Behavioristen nicht verstehen, was da eigentlich zwischen dem Tier und dem Trainer abläuft. Wenn Behavioristen glauben, das Tier zu konditionieren, kommunizieren sie in Wirklichkeit mit ihm. «Eine Klapper oder eine Zielscheibe sind eine Möglichkeit, um die Aufmerksamkeit eines Tieres auf das Gespräch zu konzentrieren», sagt Shumaker, «aber das eigentlich Wichtige ist die Kommunikation selbst.»

Dieses Gespräch zwischen Mensch und Tier ist nicht immer gutartig. Es gibt sehr kontroverse Beispiele für eine Kooperation zwischen Menschen und wild lebenden Tieren: Es handelt sich um Bemühungen des Militärs, sich Meeressäuger für Beobachtungen und sogar für Kriegszwecke zunutze zu machen. Einige dieser Bemühungen sind scheinbar harmlos. So hat zum Beispiel das Office of Naval Research seit den achtziger Jahren Forschungsprojekte gefördert, um festzustellen, ob Seelöwen, denen man Miniaturvideokameras am Kopf befestigt hatte, dazu ausgebildet werden könnten, Walen zu folgen und diese zu filmen. Dan Costa war einer der Wissenschaftler, die im Long Marine Laboratory in der Nähe von Santa Cruz, Kalifornien, an diesem Projekt beteiligt waren. Der Grundgedanke dahinter, so erklärt er, war folgender: Der Seelöwe sollte dazu ermutigt werden, etwas zu tun, das er normalerweise ohnehin tut, und zwar um ein Vielfaches besser als jedes menschliche Wesen. Seelöwen können bis in eine Tiefe von gut zweihundertfünfzig Metern tauchen, und die Tiere, die verfolgt werden, würden die flinken, vertrauten Gestalten der Seelöwen nicht als Bedrohung empfinden (wenn es sich bei dem verfolgten Tier jedoch um einen Schwertwal handelt, könnte er den Seelöwen sehr wohl als Abendmahlzeit ansehen).

Mit Hilfe von Belohnungen haben Costa und sein Team die Seelöwen so trainiert, dass sie in einem Becken einen künstlichen Wal verfolgten. Dann versuchten sie, ihr Training von einer Fiberglasgestalt in einem Becken auf das erheblich größere, reale Objekt in freier Wildbahn zu verlegen. Costa, der mit simplen Videoaufnahmen begann, hoffte, das Training so erweitern zu können, dass sich die Seelöwen als Forschungsgehilfen einsetzen ließen – um Wale und andere Meeresgeschöpfe mit telemetrischen Geräten zu verfolgen. Er erhoffte sich Bilder, die Aufschluss über das Geschlechtsleben von Walen geben würden (ein für den menschlichen Geschmack höchst entnervender und ineffizienter Prozess); ferner wollte er den Meeresgrund fotografieren und auch ansonsten alles Mögliche entdecken.

Es ist nicht schwer, zu erkennen, wie sich all diese Aktivitäten für militärische Zwecke abwandeln ließen, und tatsächlich reicht der Versuch der Marine, Meeressäuger einzusetzen, um Jahrzehnte zurück, bis zum Vietnamkrieg. Ende der achtziger Jahre beschäftigte ich mich in einem Artikel in der Zeitschrift *Time* mit der militärischen Verwendung von Delphinen. Der Versuch, Delphine für menschliche Kriege einzusetzen, muss als eines der verabscheuenswertesten Beispiele für die Kooperation zwischen Mensch und Tier in der Geschichte unserer Art angesehen werden.

Die Marine hat schon lange Delphine eingesetzt, um Gegenstände vom Meeresgrund zu bergen, ebenso wie sie als Späher bei Rettungsaktionen unter Wasser von Nutzen waren. Es kam jedoch, wie es kommen musste: Irgendein kluger Kopf beim Militär fand, dass diese höchst intelligenten, flinken Tiere mit ihrer ungewöhnlichen Fähigkeit, die Unterwasserwelt zu kartografieren, sich gut in Kriegswaffen verwandeln ließen.

Der Delphin kartografiert seine Welt über Geräusche, und zwar mit Hilfe seiner Echo-Ortung und seiner akustischen Abbildungsfähigkeiten, die in der Melone untergebracht sind, der der Delphin seine nobel geformte Stirn verdankt. Wenn der Delphin einen Menschen schwimmen «sieht», sieht er im Wesentlichen ein Skelett. Seine Fähigkeiten sind so hoch entwickelt, dass ein Schwertwal (der ein sehr, sehr großer Delphin ist) seinen Kopf in den Eingang einer Bucht stecken und binnen Sekunden genug Sonarklicks aussenden kann, um eine wichtige Frage zu klären: ob sich in der Bucht nämlich irgendetwas befindet, das eine weitere Erkundung lohnen würde.

Es ist offensichtlich, warum Militärplanern angesichts solcher Fähigkeiten das Wasser im Mund zusammenläuft. Da hatten wir nun ein höchst flexibles Tier mit Möglichkeiten unter Wasser, die der menschlichen Technologie um Generationen voraus sind und deren Kosten nur einen Bruchteil der meisten Unterwasserwaffensysteme ausmachen. Und, was noch besser ist: Da Delphine nicht aus Metall sind und nicht viel Hitze aussenden, wäre es viel schwieriger, sie aufzuspüren und ihnen etwas entgegenzusetzen.

Ende der sechziger Jahre brachte man im Naval Undersea Center in Point Mugu, Kalifornien, und später dann in der Kaneohe Bay auf Hawaii den Delphinen unter Einsatz von Belohnungen bei, Gegenstände zu harpunieren. Um ihr Ziel treffen zu können, hatte man den Delphinen eine spezielle Vorrichtung am Kopf befestigt. Dahinter steckte die Idee, Delphine als Unterwasserwächter einzusetzen, die den amerikanischen Stützpunkt in der Cam Ranh Bay in Vietnam vor dem Eindringen feindlicher Taucher schützen sollten. Die Delphine sollten feindliche Taucher mit den Pfeilen beschießen, die durch eine robuste Leine an Flößen befestigt waren. Anschließend sollten dann Oberflächenpatrouillen die Flöße einsammeln und die Taucher raufziehen.

Es ist nicht bekannt, ob dieser groteske Plan je durchgeführt wurde, da das Material zu diesen Projekten noch immer unter Verschluss ist. Ich habe allerdings mit einigen der Trainer gesprochen. Einer von ihnen sagte, dass eine ganze Reihe seiner Kollegen gekündigt haben, als ihnen schließlich klar wurde, worauf die Tiere vorbereitet werden sollten. Ein Mann, der darum bat, ungenannt zu bleiben, betrachtet das Projekt noch immer voller Abscheu. «Das ganze Programm», erklärte er, «war ein abstoßender Missbrauch eines der freundlichsten Geschöpfe, die kennen zu lernen ich je Gelegenheit hatte. Für die Delphine war das alles ein Spiel.»

Da der militärische Geist nun aber ist, was er ist, ist der Gedanke, Delphine für militärische Zwecke einzusetzen, in den Jahren nach dem Krieg mehrfach wieder aufgenommen worden. So hat man eine Anzahl von Delphinen dazu ausgebildet, den Trident-U-Boot-Stützpunkt in Bangor, Washington, zu schützen. In diesem Falle lehrte man die Delphine nicht, Menschen anzugreifen, sondern nur den Standort von Eindringlingen zu markieren, aber das Bekanntwerden des Programms entfachte bei Delphinfreunden eine Welle des Protests, und es gab etliche Gerichtsverfahren deswegen. Übrigens wurde dieses Programm Ende der achtziger und Anfang der neunziger Jahre gestartet, in einer Zeit, in der die meisten Eindringlinge Atomgegner und Tierschützer waren, was nur eine von vielen Ironien dieses Programms war. Es gab und gibt immer noch die Möglichkeit, dass ein Delphin der Marine bei der Verhaftung eines Delphinfreunds helfen könnte.

Während des Iran/Irak-Kriegs dienten 1987 bis 1988 fünf Delphine als Unterwasserwächter, die amerikanische Schiffe schützten. Auch während der Operation Wüstensturm 1991 gab es beharrliche Gerüchte, dass die Marine Delphine als Unterwasserwächter eingesetzt habe.

Die Vereinigten Staaten waren nicht die einzige Nation, die die Möglichkeit erkannte, Delphine zu militärischen Aktivitäten heranzuziehen. Mit typischer Brutalität tötete die ehemalige Sowjetunion mehr als dreihundert Delphine bei Versuchen, die Tiere als Kamikaze-Schwimmer einzusetzen. Doug Cartlidge, ein ehemaliger Delphintrainer, der inzwischen einer britischen Organisation mit Namen Whale and Dolphin Conservation Society beigetreten ist, berichtet, dass die Tiere bei Übungen im Schwarzen Meer Sprengstoffe hätten transportieren sollen. Einem Artikel zufolge, der 1998 in der englischen Zeitung *The Independent* erschien, besuchte Cartlidge die ehemals geheime sowjetische Einrichtung in Sewastopol, wo er Modelle von Fallschirmgeschirren für Delphine sah (eine Methode, mit der die Sowjets ihre tierischen Agenten im Operationsgebiet aussetzten; eine andere Methode bestand darin, sie aus einer Höhe von gut fünfzehn Metern aus einem Helikopter abzuwerfen).

Cartlidge behauptet außerdem, die Russen hätten Delphine zu Killeragenten ausgebildet; sie hätten das natürliche Widerstreben des Tieres, anderen Schaden zuzufügen, mit Hilfe einer Titanklammer überwunden, die sich an der Schnauze des Delphins befestigen ließ. Wenn der Delphin einen feindlichen Taucher auch nur ganz sachte berührte, bohrte sich die Klammer in dessen Körper, und sobald sie dort fest saß, injizierte eine zweite Einrichtung in dem Apparat dem Taucher eine tödliche Dosis stark komprimierten $CO_2$-Gases. Mit dem Zusammenbruch der Sowjetunion versiegten glücklicherweise die finanziellen Mittel für dieses makabere Programm. Leider haben Cartlidge zufolge einige Spezialisten für Meeressäugetiere im Kader der russischen Marine sich darangemacht, wilde Delphine im Schwarzen Meer einzufangen, um sie an den Tierhandel zu verkaufen.

Delphine können unzweifelhaft untereinander aggressiv reagieren, und sie scheuen sich nicht, einen bedrohlichen Räuber anzugreifen, aber es ist unklar, ob sie wissentlich einen Taucher töten würden. Außer Frage steht, dass ein Delphin klug genug ist, um zwischen einer Attrappe in einem Becken und einem lebenden Wesen zu unterscheiden. Außerdem sollten wir nicht vergessen, dass diese Tiere in der Lage sind festzustellen, ob eine im Wasser schwimmende Frau schwanger ist, indem sie ein Sonogramm von ihrem Bauch machen. Ein solches Tier muss einfach wissen, wann es einem anderen Geschöpf eine Verletzung und Schmerzen zufügt. Trotzdem, sagt Karen Pryor, sei es durchaus möglich, einen Delphin zum Angriff auf fremde Menschen zu trainieren. Während sie vielleicht den Trainer als Teil ihrer Gruppe ansehen, würde sich eine Bindung zwischen Mensch und Delphin nicht automatisch auf andere Personen ausdehnen, vor allem dann nicht, wenn die Tiere für aggressives Verhalten belohnt wurden. Solange nicht die Berichte über ihr Verhalten bei kriegerischen Manövern veröffentlicht werden, können wir nur um der Tiere willen hoffen, dass sie sich als ganz miese Soldaten erwiesen haben.

Vor nicht so langer Zeit hat die US-Marine ihre jüngste Version des Programms für Marinesäuger veröffentlicht. Sowohl die Marine als auch die Marineinfanterie haben eine Anzahl von Delphinen für die Suche nach Minen ausgebildet. Da die meisten Unterwasserminen durch Kontakt mit Metall detonieren, können die Delphine sich ihnen ohne Risiko nähern. Wenn sie eine Mine aufspüren, lassen sie, wie man es sie gelehrt hat, eine Boje los, die zur Oberfläche aufsteigt und die Taucher der Marine auf die betreffende Stelle aufmerksam macht. Die Marineinfanterie setzt die Delphine in sehr seichtem Wasser ein, wo ihre Wendigkeit ihnen einen gewaltigen Vorteil gegenüber allen von Menschen geschaffenen Schiffen verschafft. 1998 hat die Marine die schwimmenden Minensucher bei einer internationalen Marineübung namens RIMPAC an der Küste von Hawaii der Öffentlichkeit vorgestellt; später wurden sie dann im Baltikum eingesetzt, um den Nationen von Lettland, Litauen und Estland zu helfen, sich schätzungsweise dreißigtausend Unterwasserminen vom Hals zu schaffen, die noch aus der Ära des Kalten Krieges stammten. Das Mark 7 Marine Mammal System, der lächerliche Name, den man der Delphineinheit für die Suche nach Minen gegeben hat, konnte während der viertägigen Übung keine einzige Mine aufspüren, und wie die *Washington Post* später meldete, hatte sich ein Angehöriger der Einheit für drei Tage unerlaubt von der Truppe entfernt. Wie so viele andere einsame Soldaten, die weit fort von daheim stationiert sind, war er auf die Suche nach einer Freundin gegangen.

Die US-Marine bemüht sich inzwischen sehr betont zu versichern, dass Delphine nicht für Offensivmanöver eingesetzt würden und dass man die Tiere vorbildlich behandele. Aber mit diesen militärischen Programmen legitimieren die Vereinigten Staaten eine Art von Wettrüsten unter Meeressäugern, das unausweichlich zu dem barbarischen und verabscheuenswerten Missbrauch dieser Tiere in Programmen wie den oben genannten führt. Angesichts der Intelligenz und des Bewusstseins der Delphine, angesichts der jahrhundertealten Berichte, nach denen sie verunglückte Seeleute gerettet haben, ist es eine Sünde, diese Tiere zu Zwecken einzusetzen, die der Delphinforscher Stephen Leatherwood als unsere «verdorbenste und verwerflichste Aktivität» bezeichnet: den Krieg. (Noch während ich an diesem Kapitel schrieb, las ich einen Zeitungsbericht über eine Gruppe von schiffbrüchigen Matrosen, die eine Weile im Wasser schwimmend auf ihre Rettung hatten warten müssen. Die Seeleute behaupteten, kreisende Delphine hätten sie vor Haien geschützt.)

Außerdem haben die klugen Köpfe, die die Virtuosität der Delphine im Wasser ausbeuten wollten, eine Wolke des Argwohns geschaffen, die nunmehr über jedem fremden Delphin in der Nähe eines Militärstützpunktes oder eines Krisenherdes hängt. Wenn diese Programme weiterlaufen, werden irgendwelche paranoiden Militärs anfangen, vereinzelte Delphine zu töten, die sich in die Nähe solcher Gebiete wagen. Und begründen werden diese Leute ihr Verhalten mit der Feststellung, Vorsicht sei besser als Nachsicht.

Natürlich haben die Menschen auch andere Tiere bei Konflikten eingesetzt. So haben unter anderem die Römer, die Inder und die Thais Elefanten für den Krieg trainiert, und ihre Rolle dabei ging weit darüber hinaus, Soldaten zu transportieren, die auf die Vernichtung des Feindes aus waren. Tatsächlich benutzte man die Elefanten früher sogar zu einer bestimmten Form der Hinrichtung: Man ließ sie auf den Kopf des Verurteilten treten. Auch in diesem Falle zeigt sich Karen Pryor nicht überrascht, dass man einem klugen Tier wie dem Elefanten beibringen kann, Menschen zu töten; Pryor bemerkt dazu, dass alles eine Frage des Trainings sei.

Es wäre wohl übertrieben sentimental, wenn wir von einem wilden Tier erwarteten, dass es dem menschlichen Leben mit mehr Respekt begegnet, als wir selbst es tun. Bei der Zusammenarbeit zwischen Mensch und Tier in Konfliktsituationen sind zu einem sehr großen Teil Haustiere beteiligt. Wachhunde, Drogenhunde und Polizeihunde sind ein so fester Bestandteil der Polizei- und Sicherheitstruppen geworden, dass ihr Erscheinen kaum mehr

Anlass zu Bemerkungen gibt, es sei denn in Fällen, da sie sich besonders heldenhaft zeigen. Wenn der beste Freund des Menschen sich in einen Killer verwandeln lässt, sollte es uns nicht überraschen, dass man das Gleiche bei einem Elefanten oder einem Delphin erreichen kann.

Trotzdem wäre es ebenso unfair wie falsch zu behaupten, die Kooperation zwischen Mensch und Tier spiele sich vor allem im Bereich Konflikte, Gesetz und Ordnung ab. Die Menschen haben schon seit langem Tiere als Gehilfen bei Therapien und Genesungsprozessen eingesetzt, und diese Interaktionen deuten ebenfalls sehr oft auf Bewusstsein und sogar auf artenübergreifendes Mitgefühl hin. (Ich werde in einem späteren Kapitel noch näher auf das Thema Mitgefühl zu sprechen kommen.)

Die Verwendung von Tieren bei Therapien basiert sehr stark auf der Beobachtung, dass Menschen, die schwere Verletzungen oder Traumata erlitten haben, bisweilen besser auf Tiere als auf Menschen reagieren. Harley de Swine, ein vietnamesisches Hängebauchschwein, ist ein gutes Beispiel dafür. Der Eber «arbeitete» in einer Station für Patienten mit Kopfverletzungen im Hemet Valley Medical Center westlich von Palm Springs, Kalifornien. Die Therapeuten legten fest, welche Seite eines Patienten sie stimulieren wollten, dann holten sie Harley herbei, dessen Aufgabe darin bestand, die Patienten sachte dazu zu bewegen, dem Geschehen ihre Aufmerksamkeit zu schenken. Harley erzielte häufig eine Reaktion bei Patienten mit Kopfverletzungen, die sich anderen Menschen gegenüber unzugänglich zeigten, aber was die Therapeuten darüber hinaus zutiefst beeindruckte, war Harleys Begeisterung für seinen Job. Darrian Lundy, Harleys Trainer, sagt, dass der Eber am Morgen eilig zur Arbeit lief, das Personal begrüßte und Lundy dann in Richtung der Station schleifte. Am Ende des Tages ließ er sich nur widerstrebend wieder wegbringen.

Auch Katzen, die ihre Reserviertheit trotz jahrtausendelanger Zucht sorgsam und erfolgreich bewahrt haben, stellen bisweilen große Toleranz und Sensibilität zur Schau. Maureen Frederickson von der Delta Society behandelte eine missbrauchte Frau in der

Nähe von Seattle, deren Katze ihr jeden Abend zwei Mäuse schenkte. (Ich weiß, ich weiß, das tun viele Katzen, einschließlich meiner. Die Experten sagen, die Katzen versuchten, uns das Jagen beizubringen, aber ich glaube nach wie vor, dass solche Geschenke ihre Art sind, ihre Rechnung zu begleichen. Sie wollen etwas zur Familienspeisekammer beisteuern. Ich fürchte auch, dass wir unsere kleinen Lieblinge ständig enttäuschen, indem wir die Mäuse und die Vögel als Speise verschmähen.) Als die Frau endlich den Willen aufbrachte, sich von ihrem gewalttätigen Ehemann zu trennen, und in die Stadt umzog, konnte die Katze keine Mäuse mehr finden. Also fing sie an, ihr jeden Abend zwei Kiefernzapfen zu bringen. Maureen meint, die Katze habe die Geschenke vielleicht als eine Art des Trostes betrachtet, um das offensichtliche Leiden der Frau zu lindern.

Wie man weiß, versucht man mit Katzen auch regelmäßig ein wenig Farbe in das Leben von Menschen in Pflegeheimen zu bringen. Maureen erzählt von einem großen Kater, der in einem Heim in der kanadischen Provinz Ontario bemerkenswerte Duldsamkeit gegenüber einem hochbetagten alten Herrn an den Tag legte. Der Körper des Mannes war von Arthritis und Anspannung so verkrampft, dass er die Hand nur einen Spaltbreit weit öffnen konnte. Der Mann war in ein Heim eingewiesen worden, da er infolge unspezifischer Traumata während des Zweiten Weltkriegs nicht mehr mit dem Leben fertig wurde. Zuerst legte der Patient nur seine verkrampfte Hand auf den Kater. Mona Sams, eine damals in dem Heim tätige Beschäftigungstherapeutin, lehrte ihn dann, das Tier zu streicheln. Sams sagt, dass der alte Mann sich durch die Interaktionen mit der Katze geöffnet habe. Er entwickelte eine große Zuneigung für Yoda, wie der Kater hieß, und streckte binnen drei Wochen die Arme aus, wenn er das Tier sah. Yoda, so benannt nach dem weisen Yedi-Ritter aus der Saga *Krieg der Sterne,* gab dem Personal die Möglichkeit, einen Patienten zu erreichen, der sich jahrzehntelang beinahe zur Gänze in sich selbst zurückgezogen hatte.

Manche Tiere begegnen kranken Menschen mit einer Toleranz, die sogar ihre natürlichen Instinkte verdrängt. In Belgien dulden die Pferde in einem therapeutischen Reitprogramm für autistische Kinder ein Verhalten von diesen Kindern, bei dem sie normalerweise ausschlagen, verweigern und flüchten würden; selbst die heftigsten unerwarteten Gewaltausbrüche lassen diese Tiere über sich ergehen. Die Tiere erlauben den Kindern, unter ihren Bäuchen hindurchzugehen, was sie normalerweise in Angst und Schrecken versetzen würde, wie jeder, der mit Pferden gearbeitet hat, sehr gut weiß.

Bei den meisten dieser Beispiele für Kommunikation nutzen die Menschen die Fähigkeiten und Sensibilität eines Tieres aus, aber es gibt zumindest einige Fälle, in denen wilde Tiere die Initiative ergriffen und menschliche Fähigkeiten ihren eigenen Zwecken anpassten. Vor ungefähr zehn Jahren lockten Wissenschaftler in Florida Fische mit Futter in einen bestimmten Teil einer Bucht. Ein Ökologe erzählte mir die Geschichte von einem Reiher, der dort sein Revier hatte und die Wissenschaftler bei der Arbeit beobachtete. Das Tier fand heraus, dass es sich nur in der Nähe zu halten brauchte, um die Fische zu fangen, wenn sie sich das Futter holen kamen. Nachdem das einige Tage lang so gegangen war, wurden entweder die Fische schlauer, oder sie waren allesamt gefressen worden, denn die Wissenschaftler konnten so viel Futter ins Wasser werfen, wie sie wollten – nichts rührte sich. Da nahm der Reiher die Sache selbst in den Schnabel, pickte etwas von dem Futter auf und flog damit etwa zwanzig Meter den Strand entlang, wo er es ins Wasser fallen ließ. Als ein Fisch an die Oberfläche kam, schnappte er ihn sich und fraß ihn auf.

Nun noch einige Worte zum Thema Kooperation zwischen Tieren in Gefangenschaft. Ich habe dieses Buch mit der Geschichte von zwei Elefanten im Bronx Zoo eröffnet, die eine Methode gefunden hatten, ihre Zeit im Außengehege zu verlängern: Sie mussten einander nur vertrauen und sich beim Verzehr der Leckerbissen abwechseln. In einem späteren Kapitel werde ich einige Beispiele von Schimpansen und Gorillas anführen, die bei Ausbruchsversuchen kooperierten, aber Affen tun sich bisweilen auch bei anderen Unternehmungen zusammen. Der bekannte Primatenexperte Robert

Yerkes dokumentierte ein Experiment, bei dem zwei Schimpansen mit gleichem Kraftaufwand an zwei Griffen ziehen mussten, um an eine essbare Belohnung heranzukommen. Einer der Schimpansen war höchst motiviert, aber dem anderen schien die Sache gleichgültig zu sein. In einem Augenblick, der auf Film festgehalten wurde, schnappte sich der draufgängerische Schimpanse den anderen und drehte ihn herum, als wolle er sagen: «Sieh zu, dass du wieder an die Arbeit kommst.»

Natürliche Selektion formt eine Spezies so, dass deren Individuen entweder auf sich allein gestellt oder in ihrem sozialen Verband bestehen können. Ich weiß, es ist eine Vermenschlichung, aber man kann vielleicht die Meinung vertreten, dass Raubtiere und alle möglichen anderen Tiere eine gewisse Befriedigung empfinden, einen gewissen Stolz, wenn sie das, wozu die Natur sie ausgestattet hat, mit gutem Erfolg tun. Wie weiter oben bemerkt, muss es eine emotionale Belohnung für den Sieger geben, wenn ein Schimpansenmännchen, ein Elch oder ein Löwe einen Rivalen erfolgreich zum Kampf um die Oberherrschaft herausfordert, und diese Gefühle sind wahrscheinlich nicht allzu verschieden von denen, die jeder erfolgreiche menschliche Athlet oder Krieger kennt. Immerhin ist auch deren Glücksgefühl ein Produkt unserer biologischen Veranlagung, und in physischer Hinsicht unterscheiden wir uns nicht gar zu sehr von den anderen Mitgliedern unserer erweiterten Primatenfamilie, zu der Gibbons, Bonobos, Schimpansen, Gorillas und Orang-Utans gehören. (Tatsächlich unterscheiden wir uns vielleicht doch ein klein wenig von den Gibbons – dem einzig wirklich monogamen Affen.)

Für die meisten Säugetiere sind die größten Herausforderungen im Leben folgende: Sie müssen ein Auskommen sichern, innerhalb der Gruppe mit Konkurrenten fertig werden und sich einen wünschenswerten Partner suchen. Zumindest für die männlichen Tiere beruht der Erfolg des drittgenannten Punktes bis zu einem gewissen Grad auf der Erfüllung der beiden ersten Herausforderungen. Wenn ein Tier sich in diesen Prüfungen erfolgreich schlägt, fühlt es sich wahrscheinlich gesund und gut. Bedauerlicherweise kann man

Tieren in Gefangenschaft bei allem Einfühlungsvermögen nicht ersparen, dass sie bei diesen Beschäftigungen behindert werden. Was bedeutet, dass, im Guten wie im Bösen, die Gefangenschaft einem Elefanten die meisten Möglichkeiten raubt, um sich in seiner Elefantenhaut wohl zu fühlen. Das Leben in Gefangenschaft eliminiert fast alle Herausforderungen, die einen Schneeleoparden mit Stolz auf seine Kraft, seine Anmut und seine Geschicklichkeit erfüllen, und sie stiehlt einem Schwertwal den Ozean, der groß genug wäre, um sich seine Walträume zu erfüllen. Wenn wir eine sinnvolle Möglichkeit finden, sie in ihre fremde, neue Welt des Zoodaseins einzubinden, entschädigt das die Tiere vielleicht zumindest teilweise für den Verlust der Freiheit, den die Gefangenschaft mit sich bringt.

# Orang-Utan-Ingenieure und Schimpansen als Nussknacker

## *Werkzeuge und Intelligenz*

Ein Sprichwort lautet: Benutze das richtige Werkzeug, wenn du etwas tust. Nina, ein Gorillaweibchen im Woodland Park Zoo in Seattle, hat dieses Prinzip auf eine neue Ebene erhoben, als sie vor einigen Jahren ihr eigenes Baby als Werkzeug einsetzte, um an Futter heranzukommen. Gorillaweibchen in Gefangenschaft können verantwortungsbewusste und leidenschaftliche Mütter sein, aber ihre fürsorglichen Fähigkeiten werden bisweilen auf eine harte Probe gestellt, wenn ihre Kleinen einen appetitlichen Leckerbissen bekommen. So war es auch bei Nina und anderen Gorillas im Zoo, die regelmäßig für die Kinder bestimmte Naschereien selbst verzehrten. Die Tierpfleger, denen die Kleinen Leid taten, teilten im Käfig eine kleine Futterstelle ab, durch deren Eingang nur ein sehr junger Gorilla passte. Nachdem sie die Erwachsenen in der Kolonie gefüttert hatten, legten die Pfleger einige Früchte, gekochte Süßkartoffeln und Karotten in den Kinderbereich. Nina, die noch nie kampflos auf eine gekochte Süßkartoffel verzichtet hatte, nahm zu folgender Methode Zuflucht: Sie hielt ihre kleine Tochter an den Knöcheln fest, ließ sie durch die Öffnung kriechen, bis sie an das Futter herankam, zog die Kleine dann wieder heraus und riss ihr die Leckerbissen weg, bevor sie sie essen konnte. Nina verdient eine hohe Punktzahl für Einfallsreichtum, wenn auch nicht gerade für Mütterlichkeit.

Es ist noch immer unklar, welchen Platz die Verwendung und Herstellung von Werkzeugen im Pantheon der höheren geistigen Fähigkeiten einnimmt. In dem Sciencefictionklassiker *Der Splitter im Auge Gottes* von Larry Niven und Jerry Pournelle kommen Reisende von der Erde in eine Welt, in der sich die dominante Spezies geteilt und zu verschiedenen hoch spezialisierten Subspezies entwickelt hat. Jede dieser Subspezies ist dazu optimiert, die Bedürfnisse einer Gesellschaft zu erfüllen, deren hervorstechender Charakterzug technologisches Genie ist. Es gibt Unterhändler, Diplomaten, Fahrer, Ingenieure, Krieger und schließlich noch eine Klasse kleiner Tiere, denen die Besucher von der Erde den Spitznamen «Uhrmacher» geben, weil sie jedes Gerät, das man ihnen gibt, reparieren und verbessern können. Diese trügerisch reizvollen Geschöpfe scheinen weder über einen hoch entwickelten Intellekt noch über eine solche Sprache zu verfügen, aber sie sind begeisterte, unaufhaltsame Handwerker. Ihre Intelligenz drückt sich über ihre Hände aus.

Abgesehen von der Haupthandlung wirft das Buch einige interessante Gedanken zur Natur der Technologie auf. Ist der Homo faber – der handwerkende Mensch – der Vorfahr des Homo sapiens – des denkenden Menschen –, oder sind diese Fähigkeiten gemeinsam gewachsen? Sind die Vorläufer und Analogien für die materialistische Kultur des Menschen auch in anderen Tieren angelegt? Und kann ein Geschöpf, wie in dem fiktionalen Fall der Uhrmacher, über eine große technologische Begabung verfügen, ohne eine Sprache oder andere höhere geistige Fähigkeiten zu offenbaren?

Affen scheinen zu begreifen, wie sie in ihrer Umgebung verfügbare Dinge kombinieren müssen, um ein bestimmtes Ziel zu erreichen. Das demonstrierte schon in den dreißiger Jahren Wolfgang Köhler, einer der Pioniere auf dem Gebiet tierischen Verhaltens. Affen finden heraus, so zeigte er, dass man zwei Kästen aufeinander stellen muss, um an etwas heranzukommen, das man nicht erreicht, wenn man auf nur einem Kasten steht. Überall auf der Welt haben Tierpfleger Orang-Utans und andere große Affen beobachtet, wie sie Fässer aufeinander stellten, wie sie aus Baumstämmen Brücken machten und alle möglichen Hilfsmittel zu Fluchtversuchen einsetzten. Im Woodland Park Zoo hatten die Pfleger Strom führende Drähte um Bäume im Außengehege der Gorillas gespannt, weil sie nach und nach zerstört wurden. Jumoke, eins der erwachsenen Weibchen, überbrückte daraufhin den Draht mit Baumstämmen und Ästen, so dass sie trotzdem an den Baum herankonnte.

Als Jumoke von Alafia getrennt werden musste, dem Vater ihres Babys, brachte man sie in einem angrenzenden Gehege unter, das von einem großen Graben mit glatten Wänden abgegrenzt wurde. Eine freiwillige Helferin erzählte mir, sie habe gesehen, wie Jumoke sich mit Hilfe eines anderen Gorillas aufrichtete und ihr Baby so hielt, dass sein Papa den Kleinen von dem anderen Gehege aus sehen konnte. Leider konnte ich mir diesen Bericht nicht von den Pflegern bestätigen lassen, weil sie zu dem Zeitpunkt nicht zugegen waren.

Abgesehen von dem Kindsvater befand sich der größte Teil von Jumokes Familiengruppe in dem angrenzenden Bereich (dem ehemaligen Gorillagehege, das durch das neue Gehege, wo Jumoke sich befand, ersetzt werden sollte), und die Gorillamutter brannte darauf, zu den anderen zurückzukommen. Wolfgang Köhler wäre stolz gewesen auf ihre Improvisationskunst bei den verschiedenen Versuchen, zu ihrer Gruppe zurückzukehren. Sie riss Klettergerüste auseinander und fertigte sich daraus große Bretter an, die sie gegen die Grabenwand stellen wollte. Als das schief ging, riss sie zum gleichen Zweck Äste von den Bäumen. Violet Sunde, die auf dem Dach des Affengeheges stand, störte das Gorillaweibchen bei einem dieser Fluchtversuche. Als Violet bemerkte, dass Jumoke einen großen Ast auf den Graben zuschleppte, sagte sie: «Jumoke, was machst du da?» Der Gorilla ließ den Ast sofort fallen. Die Pfleger können jedoch nicht ständig das Gehege im Auge behalten, und Jumoke hat es tatsächlich zweimal geschafft, hinauszukommen. Bei einer dieser Gelegenheiten fanden die Pfleger sie an der Tür zu dem alten Gehege, was die Vermutung bestätigte, dass der Gorilla nicht fliehen, sondern nur zu seiner Familie und seinen Freunden zurückwollte.

Die Wissenschaftler, die sich mit diesen Themen beschäftigen, betonen, dass die erfolgreiche Benutzung von Werkzeugen nicht unbedingt Verständnis für ihren Zweck notwendig macht. Ein Tier kann, indem es blind die Taten anderer imitiert – mit Hilfe der einfachen Regel: «Tu, was er tut» –, mit einem gewissen Erfolg Werkzeug benutzen. Geoff Creswell, der damals Jane Goodall bei einem Projekt in Bujumbura in Burundi half, die Lebensbedingungen verwaister und beschlagnahmter Schimpansen zu verbessern, erzählte mir von einem amüsanten Fall von Serienimitation.

Als ich ihn 1991 kennen lernte, kümmerte Creswell sich gerade um ein kleines Schimpansenweibchen namens Ali. So wie man es mit allen kleinen Kindern macht, versuchte Creswell, mit Alis Wutanfällen fertig zu werden, indem er es ablenkte. Bei einem solchen Wutanfall hob er in dem Sandkasten hinter seinem Haus ein Loch aus. Und tatsächlich kam Ali herbei und beobachtete, was er da tat. Dann streckte Ali die Hand aus und spähte in das Loch. Sie schnupperte an seinen Fingern, aber er zog lediglich die Hand weg und schaufelte weiter. Nach ein paar Sekunden fing sie an, ihr eigenes Loch zu graben, direkt neben seinem. Kurz darauf kam der Hund herbei. Nachdem er den Menschen und den Schimpansen etwa eine Minute beim Graben beobachtet hatte, beschloss der Hund mitzumachen und begann ebenfalls ein Loch zu graben.

Schon 1925 erklärte Wolfgang Köhler, dass Verstehen etwas mehr als exakte Imitation erfordere, nämlich die Fähigkeit zu begreifen, was das Verhalten eines anderen bedeutet. Heute bezeichnet man das als «program-level imitation». Das bedeutet nach Köhlers Worten, dass ein Kind, ein Erwachsener oder ein Tier den Zweck einer Abfolge von Unternehmungen versteht, statt in den Unternehmungen eine Art von magischem Ritual zu sehen, das zu einem bestimmten Resultat führt, wenn man es nur korrekt durchführt. Louis Herman erzählt von den Delphinen Akeakemai und Phoenix auf Hawaii, die Menschen beim Werfen einer Frisbeescheibe beobachtet und dann gelernt hatten, die Scheibe mit der Schnauze zu werfen. Da sie keine Hände hatten, war das ihre einzige Möglichkeit, aber die Delphine hatten offensichtlich verstanden, dass sie nur die Bewegung des Werfens nachzuahmen brauchten, dann würden sie vielleicht dasselbe Ergebnis erzielen wie ein Mensch, der eine Frisbeescheibe wirft. Chanteks Zuhilfenahme der Lippen, um Knoten zu machen, ist bereits in einem früheren Kapitel erwähnt worden; auch das ist ein Beispiel für «program-level imitation».

Es steht auch außer Frage, dass Menschenaffen und andere «kluge» Tiere ebenfalls zu sturer Nachahmung greifen, wenn sie nicht herausfinden können, wie etwas funktioniert, selbst wenn sie den Zweck des Ganzen begreifen. Helen Shewman berichtet von einem denkwürdigen Fluchtversuch, als die gesamte Orang-Utan-Kolonie des Zoos auf das Dach ihres alten Geheges gestiegen war. Die Pfleger hatten Feuerwehrschläuche herbeigeholt, nicht um die roten Affen damit aufs Korn zu nehmen, sondern um sie davon abzubringen, vom Dach aus in das Gehege der Löwen oder der Grizzlybären hinunterzuklettern, die damals an das Areal der Affen angrenzten. Tawan, das dominante Männchen, nahm diese Aktion jedoch übel. Als er einen Feuerwehrschlauch auf dem Dach entdeckte, richtete er ihn, zahlen- und waffenmäßig unterlegen, aber dennoch ungebeugt, auf die Pfleger. Zum Glück für diese hatte er nicht den passenden Schraubenschlüssel, um das Wasser anzudrehen. Wenn er ihn gehabt hätte, wäre er wahrscheinlich dahinter gekommen, wie er ihn einsetzen musste.

Tawan steuerte ein anderes komisches Beispiel für einen solchen Fall von beinahe fehlgeschlagener Imitation bei, als er versuchte auszuknobeln, wie Helen Shewmans Walkie-Talkie funktionierte. Mit genug Zeit wäre es durchaus denkbar, dass der geduldige Orang-Utan dahinter gekommen wäre, wie man mit dem Gerät umzugehen hat. Über das Walkie-Talkie zu reden, das ist jedoch eine andere Sache. Im Falle des Orang-Utans wären dazu entweder ein paar Millionen Jahre Evolution oder die Erfindung eines Sprachsynthesizers vonnöten gewesen.

Tawans Herstellung und Verwendung von Werkzeugen dient zum Teil keinem anderen Zweck, als sich zu amüsieren und seine Pfleger zu ärgern. Gut einen halben Meter über dem Maschendrahtkäfig im Innengehege der Orang-Utans befanden sich einige Leuchtstoffröhren, die mit Flügelmuttern gesichert waren. Tawan brach sich in seinem eigenen Käfig ein Stahlrohr ab, schob es durch den Maschendraht und schraubte die Flügelmuttern auf. Als Libby Lawson, eine der Pflegerinnen, auf dem Schauplatz erschien, hatte sich eine kleine Menschenmenge versammelt, um die Orang-Utans zu beobachten, wie sie die Lampen, die inzwischen auf dem Maschendrahtkäfig lagen, zu zerschlagen versuchten. Mit der strengsten Stimme, die ihr zu Gebote stand, schrie sie: «Aufhören», woraufhin Tawan prompt gehorchte. Sie ging Verstärkung holen, und als sie zurückkam, stand Tawan gleichmütig in seinem Käfig, das Elektrokabel für das Licht lässig über die Schulter geworfen. Überflüssig zu sagen, dass die Elektriker die Lampen das nächste Mal höher installierten und sich auch eine Alternative für die Flügelmuttern überlegten.

Eines der Rätsel um die Orang-Utans ist die Frage, warum diese Tiere, die in Gefangenschaft so leidenschaftliche Benutzer von Werkzeugen sind, in freier Wildbahn sehr wenig Hinweise für die Benutzung von Werkzeugen oder das Vorhandensein einer materiellen Kultur zeigen. Carl van Schaik von der Duke University hatte beobachtet, dass Orang-Utans in Borneo nach Termiten angeln, obwohl sie an die Sache ganz anders herangehen als die Schimpansen im Gombe Stream Reserve. In Borneo nehmen sie kleine Stöcke zwischen die Lippen, schieben die Stöcke in Baumlöcher und holen damit die Termiten heraus.

Es ist denkbar, dass Orang-Utans häufiger als bisher dokumentiert auch in freier Wildbahn zu Werkzeugen greifen. In Gefangenschaft benutzen sie Weinranken als Lassos, um an Pflanzen heranzukommen, die sie so in ihre Reichweite bringen. Dieses Tun ist so natürlich, dass dergleichen sehr gut auch in freier Wildbahn geschehen könnte.

In Gefangenschaft gehen Orang-Utans ganz anders an Werkzeuge heran als andere Tiere, ja sogar als andere Affen. Rob Shumaker hat festgestellt, dass Orang-Utans, und zwar insbesondere die Männchen, eher ihre Lippen einsetzen, wo andere große Affen ihre Hände benutzen würden. Durch den Einsatz ihrer Lippen machen sie sich einfach den Vorteil von Muskeln zunutze, die für feinmotorische Aufgaben entwickelt sind. Die Orang-Utans verfügen, was die Beherrschung ihrer Lippen und ihrer Zunge betrifft, über sehr viel größere Geschicklichkeit als die meisten Menschen. «Sie kennen doch sicher dieses alte Kneipenspiel», sagt Shumaker, «bei dem man einen Kirschstiel in den Mund nimmt und versucht, einen Knoten hineinzubekommen? Für einen Orang-Utan ist das eine Kleinigkeit.» Ein Orang-Utan kann zum Beispiel, so Shumaker, einen Apfel in den Mund nehmen, ihn ein paar Mal hin und her schieben und dann die komplette Haut ausspucken.

Andererseits sind die Hände eines ausgewachsenen Orang-Utan-Männchens einfach zu groß für viele Aufgaben, die für menschliche Finger gedacht sind. Menschen sind Zweifüßer, und unsere größten Muskeln befinden sich in unseren Beinen. Orang-Utans verbringen einen großen Teil ihrer Zeit auf Bäumen, und die Last der Fortbewegung ruht auf den Armen eines Orang-Utans, die erstaunlich groß und stark sind. Die Finger eines Orang-Utans sind aber nicht nur zu groß für einige der feineren Arbeiten, die für die Fertigung und Benutzung von Werkzeugen vonnöten sind; bei einem Orang-Utan sind Daumen und Zeigefinger weiter voneinander entfernt als bei einem Schimpansen, was die Einsatzfähigkeit seiner Hand für feinmotorische Aufgaben noch weiter herabsetzt.

Aber ein Orang-Utan kann durchaus Verständnis für das Wesen von Werkzeugen und Maschinen entwickeln. Ein Beispiel dafür ist bei Lyn Miles' Sprachexperiment mit Chantek ans Licht gekommen. Einmal wollte Lyn Chantek einen Orangensaft geben, aber die Dose passte nicht durch die Gitterstäbe. Der frustrierte Chantek zeigte schließlich auf einen Trinkbrunnen in seinem Käfig und sagte mit Gesten: «Stell dahin.» Lyn denkt, dass er sie bat, das Getränk in das Behältnis zu kippen, das den Brunnen mit Wasser versorgte, so dass der Orangensaft in seinem Käfig aus dem Brunnen käme. Wenn das stimmt, beweist dieser Fall einen fantastischen Einfallsreichtum, wenn auch eine gewisse Naivität, was die Natur von Wasserrohren betrifft.

Im Zoo von Tulsa benutzte eins der Elefantenweibchen seinen Rüssel und demonstrierte ein gewisses Verständnis für Hydraulik, als es einen Apfel haben wollte, der sich außer Reichweite befand.

Der Apfel lag in einem Becken innerhalb des Elefantengeheges, war aber unerreichbar, weil sich auf dem Wasser eine Eisschicht gebildet hatte. Das Elefantenweibchen schob den Rüssel durch ein Loch im Eis und blies einfach einen Luftschwall in Richtung des Apfels, um ihn an eine Stelle zu bewegen, wo es ihn aus dem Wasser holen konnte.

Um den Zweck eines bestimmten Tuns zu verstehen, statt nur eine Abfolge von Bewegungen zu wiederholen, braucht ein Tier eine Form von innerer Repräsentation dessen, was geschieht. Ganz sicher kann ein Tier im Kopf einige Möglichkeiten erproben, ohne die Fähigkeit zu besitzen, Symbole zu entwickeln und zu verstehen. Donald Griffin macht darauf aufmerksam, dass ein Tier möglicherweise den Ausgang verschiedener Manöver visualisieren kann, während es sich überlegt, was zu tun ist, wenn es eine Giftschlange sieht. Wenn ein solches Manöver allerdings zeitlich und räumlich vom eigentlichen Ziel des Tieres geschieden ist, muss das Tier sich einen Plan zurechtlegen; zu diesem Zwecke muss das Tier wiederum ein Programm für die Abfolge von Aktivitäten entwickeln, die ihm zum Ziel verhelfen werden.

Nehmen wir zum Beispiel ein erstaunliches Experiment mit dem Bonobo Kanzi, das ich vor einigen Jahren beobachten durfte. Aufgrund der Arbeiten von Nicholas Toth, einem Paläontologen an der Indiana University, führte Rose Sevcik eine Studie über Kanzis Verwendung von Steinwerkzeugen durch. In dieser Studie mussten die Bonobos einen Feuerstein finden, ihn zu einem Messer schärfen und dann mit Hilfe des Messers eine Schnur durchtrennen, einen Kasten öffnen und einen Schlüssel herausholen. Erst dann konnte Kanzi den Schlüssel benutzen, um einen anderen Kasten aufzuschließen, in dem ein Leckerbissen lag.

Sue Savage-Rumbaugh zeigte mir, wie das Experiment sich entwickelte: Kanzi sah zu, wie ein Granatapfel in eine Schachtel gelegt wurde. Dann wurde die Schachtel abgeschlossen, und der Schlüssel für das Schloss wurde in eine andere Schachtel gelegt, die wiederum mit einer kräftigen Schnur zugebunden wurde. Der Test begann, als Savage-Rumbaugh Kanzi erzählte, dass draußen auf dem Spielplatz Steine lägen. Um mit dem Affen zu kommunizieren, benutzte Sue ein Handkeyboard, das bestimmte Worte hervorbringt, je nachdem, auf welches Symbol man drückt. Mit dem gleichen Keyboard gab Kanzi ein Symbol ein, und eine Computerstimme sagte: «Schlüssel.» Kanzi bat um einen Schlüssel, um das Tor öffnen zu können. Mich verblüffte besonders seine Konzentration und seine überraschend schnellen Augen, als er abwechselnd Sue und die Schachtel mit dem Granatapfel ansah.

Draußen hob er einen Stein auf, dann kam er eilig in den Raum zurück, wo die Schachtel stand. Er schleuderte den Stein auf den Boden, so dass kleine Splitter abbrachen. Nachdem Kanzi einen der scharfen Splitter aufgehoben hatte, machte er sich sofort daran, die Schnur aufzuschneiden. Sobald er den Schlüssel in Händen hielt, öffnete er das Schloss und nahm sich den Granatapfel.

Bei mehreren anderen Tests holte sich Kanzi einen Ball und Weintrauben, die auf die gleiche Weise weggeschlossen worden waren, und nur ein einziges Mal vermasselte er das Ganze, indem er den Schlüssel in das falsche Schloss steckte. Als Nick Toth Kanzi zum ersten Mal dabei beobachtete, sagte er: «Für einen Steinzeitarchäologen wie mich war es fast eine religiöse Erfahrung, das mit ansehen zu dürfen.» Zum ersten Mal habe er die Fähigkeiten und die Benutzung von Werkzeugen eines modernen Affen mit jenen fünf Millionen Jahre alter Hominiden vergleichen können. Die Indiana University war übrigens hinreichend von Kanzis Leistungen beeindruckt, um dem Zwergschimpansen einen Preis für den größten Beitrag zum Verständnis der Ursprünge der Technologie zu verleihen.

Zahlreiche andere Experimente haben sich mit der Frage beschäftigt, bis zu welchem Grad Affen und andere Tiere die Nützlichkeit von Werkzeugen begreifen. Wie in einem früheren Kapitel erwähnt, ging es bei einem von Rob Shumakers Think-Tank-Experimenten um folgende Situation: Ein Orang-Utan musste Rob das geeignete Werkzeug geben, wenn dieser Kekse oder andere Leckerbissen holen sollte, die der Affe wollte. Er bat den Orang-Utan um Hilfe, bat aber nicht um ein spezielles Werkzeug. Einmal bemerkte

Indah, ein Orang-Utan-Weibchen, dass sich das entsprechende Werkzeug in Robs Käfig befand, dass er es aber nicht sehen konnte. Sie griff durch die Gitterstäbe, packte das Werkzeug und reichte es Rob. Sie hatte also zum einen begriffen, dass er von dem Werkzeug nichts wusste, und zum anderen, dass er ein Werkzeug brauchen würde, wenn er ihr die Kekse besorgen sollte. Dieses und andere oben angeführte Beispiele lassen den Schluss zu, dass die Orang-Utans beim Einsatz von Werkzeugen mit Verstand zu Werke gehen und nicht mit blindem Herumprobieren. «Sie lösen das exakt gleiche Problem [wie sie Rob dazu bringen können, ihnen einen Leckerbissen zu verschaffen] auf eine ganz neuartige Weise», sagt er. Sie schienen zu begreifen, dass ihr Ziel sich mit Hilfe eines Werkzeugs erreichen ließ, aber noch mehr als das, sie begriffen, dass für eine spezielle Aufgabe ein angemessen langes Werkzeug notwendig war, und sie passten ihr Verhalten entsprechend an.

Auch in der Natur fertigen und nutzen Tiere Werkzeuge, und man braucht nicht in die Wildnis Borneos zu wandern, um das zu beobachten. Silbermöwen schnappen sich eine Muschel, fliegen über einen Felsen oder eine Anlegestelle, dann lassen sie das Weichtier fallen, um seinen Panzer zu zerbrechen. Alle möglichen Tiere bauen mit Schnäbeln, Krallen, Händen und Scheren irgendwelche Behausungen. Laubenvögel bauen Lauben; Termiten errichten Hügel, die die reinsten Wunderwerke sind, weil sie trotz der extremen Temperaturschwankungen im afrikanischen Busch in ihrem Innern ziemlich gleich bleibende Temperaturen aufrechterhalten können. Dann sind da noch die Ameisen aus dem Regenwald, die Landwirtschaft betreiben. Blattschneideameisen schleppen kleine Bröckchen von Blättern in ihre Hügel, wo sie sie als Kompost benutzen, um Pilze zu züchten. Diese Ameisen betreiben aber auch eine Art Viehzucht, da sie Blattläuse hüten, um ihren Nektar zu ernten. Wenn solches Verhalten genetisch programmiert ist, so ist es eine einfallsreiche evolutionäre Lösung des Problems, sich einen gleich bleibenden Nahrungsvorrat zu sichern.

Nun braucht man kaum das Thema Bewusstsein zu strapazieren, um die Architektur und die Landwirtschaft bei Ameisen zu erklären. Indes ist das Vorhandensein eines gewissen Bewusstseins wahrscheinlich – wenn nicht gar notwendig – angesichts der materiellen Kultur einiger der höher entwickelten Säugetiere. Christophe Boesch, der über zwanzig Jahre lang den Tai-Wald an der Elfenbeinküste studiert hat, führte mich zu einem Baum mit Brettwurzeln, wo ich etwas fand, das für jeden Betrachter wie eine kleine Nahrungsmittelfabrik aussah, die von einem Volk von Jägern und Sammlern benutzt wurde. Abgegriffene Holzinstrumente und Dutzende von Nussschalen lagen herum. Hier wurde tatsächlich gearbeitet, aber die Arbeiter waren Schimpansen, die Nüsse in hohle Astlöcher an den Baumwurzeln legten, bevor sie die Schalen mit Hämmern aus Stein oder Holz aufbrachen.

In der Nussknackerjahreszeit hallt der Wald wider von Gehämmer. Es klingt so stark nach Baustelle, das ein Besucher Boesch fragte, wo die Zimmerleute seien. Bei einem meiner Streifzüge in den Wald versuchte ich, mit Hilfe der von den Schimpansen gefertigten Werkzeuge eine Nuss zu knacken. Ich nahm einen Stein mit beiden Händen (so bevorzugen die Schimpansen es), machte aber zuerst den Fehler, die Nuss zu tief in ein Loch zu schieben. Nachdem ich dann endlich die richtige Kerbe für meine Nuss gefunden hatte, zerschmetterte ich den Kern, weil ich zu fest zuschlug. Die Schimpansen machten solche Fehler nicht, versicherte mir Boesch und erzählte mir von einer Schimpansin, die er einmal beobachtet hatte. Sie schien gerade ihren Sohn in die Kunst des Nüsseknackens einzuweihen. Zu diesem Zweck legte sie eine Nuss auf einen «Amboss» (wie Boesch die Kerbe bezeichnete, in die man die Nuss zum Knacken hineinlegt), dann ließ sie einen Hammer daneben auf den Boden fallen, den der kleine Schimpanse benutzen sollte. Die Mutter, die Boesch Salome nannte, unterbrach ihren Sohn jedoch sofort, als er eine nicht richtig platzierte Nuss aufschlagen wollte. Sie entfernte die Nuss, brachte sie in die richtige Position und ließ ihren Sprössling sodann zuschlagen.

Der Tai-Wald ist einer der letzten Flecken eines relativ urtümlichen Regenwaldes an der Elfenbeinküste. Trotz seines besonderen Ansehens wird er von allen Seiten bedroht. Als ich dort war, hatten die Aufstände im benachbarten Liberia Flüchtlinge in die an den Wald angrenzenden Städte getrieben. Einige dieser Flüchtlinge versuchten zu wildern, in Versuchung geführt von den relativ üppigen Vorräten an Buschfleisch im Wald. In jüngerer Zeit wurde die Schimpansenpopulation von einem Ausbruch des tödlichen Ebola-Virus erfasst, und es fanden etliche Tiere den Tod, die Boesch seit 1979 beobachtet und kennen gelernt hatte.

Der Wald ist feucht und dunkel, und ich verbrachte den größten Teil meiner Zeit halb tot vor Hitze in den schweren, dunklen Wollkleidungsstücken, die zu tragen Christophe von seinen Besuchern verlangt, wenn sie ihn bei seinen Runden begleiten (unter anderem deshalb, um den Schimpansen zu helfen, den Unterschied zwischen «ungefährlichen» Menschen und Wilderern zu erkennen). Der vorherrschende Geruch stammt von verfaulender Vegetation, aber ab und zu kamen wir auch durch ein Gebiet, in dem duftende Pollen in der tropfenden Luft hingen. Zu den besonders augenfälligen Dingen im Tai-Wald gehört, wie wenige Steine es dort gibt. Boesch zufolge setzt dieser Mangel die Schimpansen unter Druck – sie müssen sich genau merken, wo sie einen geeigneten Stein finden können, falls sie einen benötigen, um zum Beispiel die harten Pandanüsse zu knacken. Die Schimpansen scheinen immer den direktesten Weg zum nächsten Stein zu kennen. Für Boesch lässt das darauf schließen, dass sie über eine Art geistige Landkarte des Gebiets verfügen, etwas, das bei menschlichen Kindern nicht vor neun Jahren zu erwarten ist, wie er betont.

Im Übrigen sind die Tai-Schimpansen keineswegs einzigartig. Überall in Westafrika werden Nüsse geknackt. Der Erste, der dies dokumentierte, war Dr. Yukimaru Sugiyama von der Universität Kyoto. Er beobachtete 1976 auf den Hängen des Mount Nimba in Guinea eine isolierte Schimpansenkolonie, die Steine benutzte, um die Nüsse der Ölpalmen zu knacken. Ebenfalls in Guinea konnte Tetsuro Matsuzawa zusehen, wie ein Schimpansenweibchen eine stabile Steinplattform errichtete, auf der es Nüsse knacken konnte. Zuerst rutschten die Nüsse von der schiefen Steinfläche herunter, bevor die Schimpansin sie knacken konnte, daher schob sie einen kleineren Stein unter eine Ecke des größeren Steins, so dass sie eine ebene Oberfläche erhielt. Im selben Wald haben Forscher Schimpansenmännchen beobachtet, die Palmblätter von oben in Ölpalmen schoben, um an das Mark heranzukommen. Schon in den sechziger Jahren hatten wir von Jane Goodall erfahren, dass Schimpansen sich Stöcke herrichteten, um nach Termiten zu angeln. Was das alles zu bedeuten hat, ist eine ganz andere Frage.

Selbst das Abstreifen von Blättern und Schösslingen von einem Zweig, um eine simple Angelrute für Termiten herzustellen, erfordert eine gewisse Vorstellung von dem erwünschten Gegenstand, während der Schimpanse das Werkzeug herstellt. Es erfordert überdies eine gewisse Beherrschung der Hände und die Fähigkeit, die Bewegungen dieser Hände zu steuern und zu koordinieren. In diesem Sinne kann man die Koordination verschiedener Bewegungsabläufe frei lebender Schimpansen beim Nüsseknacken oder Kanzis bei seinem Versuch, den Granatapfel zu bekommen, als das physikalische Äquivalent eines in menschlicher Sprache formulierten Satzes betrachten. Die Reihenfolge der Bewegungen war wichtig, so wie die Reihenfolge von Wörtern in einem Satz wichtig ist, und die einzelnen Schritte waren insofern abstrakt, als das Endresultat, der Erwerb des Granatapfels, in den einzelnen dazu erforderlichen Teilhandlungen (etwa dem Zerbrechen eines Steins, um daraus ein Messer zu machen) nicht implizit enthalten ist. Mit anderen Worten, es muss etwas Ähnliches wie eine Syntax vorhanden sein, um eine komplexe Aufgabe zu organisieren.

Tatsächlich spiegeln sich die Parallelen zwischen der Verwendung von Werkzeugen und den Strukturen von Sprache sogar auf neurologischer Ebene im menschlichen Gehirn wider. Bei Menschen beschreibt das Wort *Aphasie* verschiedene Behinderungen der sprachlichen Fähigkeiten. Normalerweise resultieren diese Schwächen aus kleinen Schlaganfällen oder Gehirnverletzungen, die die Zentren für Sprachkontrolle betreffen. Gewisse Formen der Aphasie machen es dem Patienten zwar nicht unmöglich, Wörter zu sprechen, zerstören aber seine Fähigkeit, Wörter sinnvoll zu setzen, zu ordnen. *Apraxia* ist der Ausdruck für eine verminderte Fähigkeit, körperliche Bewegungen zu kontrollieren. Ebenso wie einige Formen der Aphasie es einem Menschen gestatten, Wörter zu sprechen, aber nicht, sie anzuordnen, zu verknüpfen, gestatten es einige Formen der Apraxia einem Menschen, einzelne Bewegungen zu machen, aber nicht, diese zu einem nützlichen Muster zusammenzusetzen. In manchen Fällen zerstört ein und dieselbe Gehirnverletzung sowohl die Fähigkeit, Worte miteinander zu verknüpfen, als auch die Fähigkeit, Bewegungsabläufe zu verknüpfen.

Vor zwanzig Jahren sahen einige Wissenschaftler darin den Beweis, dass Sprache und Technologie einen gemeinsamen Ursprung in der Fähigkeit hätten, Handlungen zu planen. Ich habe mich mit diesem Gedanken in meinem Buch *Die Kolonie der sprechenden Schimpansen* auseinander gesetzt, aber das Interesse an dieser Theorie war bis vor kurzer Zeit doch eher verhalten. In der Ausgabe des *American Scientist* von März/April 1999 greift der Psychologe Michael Corballis von der University of Auckland in Neuseeland diese Hypothese wieder auf, die zum ersten Mal im siebzehnten Jahrhundert von dem französischen Philosophen Etienne Bonnot de Condillac aufgebracht wurde.

Corballis führt unter anderem Beweise an, die schon fünfundzwanzig Jahre zuvor der Anthropologe Gordon Hewes dargelegt hatte: die Tatsache, dass kleine Kinder, bevor sie sprechen, auf Gegenstände zeigen und gestikulieren; die spontane Entwicklung von Zeichensprachen bei verschiedenen Gemeinschaften Tauber, und so weiter. Daneben beruft sich Corballis jedoch auch auf jüngere Arbeiten, die Beobachtungen von Gehirnaktivitäten mittels der Magnetresonanztomografie (Kernspintomografie) ausgewertet haben. Ein bestimmter Teil des Gehirns, das Broca-Zentrum, wird auf ähnliche Weise aktiviert, wenn man spricht oder gestikuliert. Corballis stellt die Überlegung an, dass Handzeichen erstlich Bedeutung annahmen, als die Hominiden vor ungefähr fünf Millionen Jahren zu Zweifüßern wurden. Vor ungefähr zwei Millionen Jahren hätten die Vorfahren des Menschen sowohl Gestik als auch Vokalisierungen benutzt, um miteinander zu kommunizieren.

Die Frage, wann die gesprochene Sprache ihr gegenwärtiges Entwicklungsstadium erreichte, ist ebenso umstritten wie jedes andere Thema, das die menschliche Vorgeschichte betrifft. Einige Wissenschaftler vertreten den Standpunkt, dass einzig der Homo sapiens sowohl über die physiologischen als auch über die neurologischen Voraussetzungen verfügt habe, um Lippen und Zunge zu beherrschen und das Spektrum von Lauten hervorzubringen, das für die modernen Sprachen vonnöten ist. Außerdem bezieht sich die Hypothese vom gestischen Ursprung der Sprache vor allem auf die Entstehung der Sprache und weniger auf die evolutionären Zwänge, die aus diesen Anfängen dann zur vollen Blüte der sprachlichen Entwicklung geführt haben. Während die hominiden Gesellschaften anwuchsen und das Sammeln von Vorräten immer raffiniertere Formen annahm, hat der frühe Mensch möglicherweise Nutzen aus einer zuvor entwickelten Fähigkeit gezogen, mit Hilfe von Handbewegungen Vorschläge zu formulieren.

Die Orang-Utans sind für alle diese Theorien eine große Herausforderung. Die männlichen Tiere neigen in freier Wildbahn eher zu Eigenbrötelei, so dass sie kaum auf das Lavieren angewiesen sind, das für Tiere mit hoch entwickelten Verständigungs- und Kommunikationsfähigkeiten so wichtig ist. Shumaker sagt, dass die meisten Interaktionen zwischen Orang-Utans solche zwischen zwei einzelnen Tieren sind. Sie kennen keine gemeinschaftlichen Jagden oder Kriegszüge, die ebenfalls zur entwicklungsgeschichtlichen Durchsetzung höherer geistiger Fähigkeiten bei manchen Säugetieren geführt haben mögen, und sie benutzen weit seltener Werkzeuge als Schimpansen. Trotzdem legen sie in Gefangenschaft ein besseres technisches Verständnis an den Tag als jedes andere Tier, und auch was andere Intelligenzbeweise betrifft, brauchen sie sich ihrer Leistungen nicht zu schämen. Rob Shumaker bemerkt dazu: «Wenn man sie zwingt, Aufgaben zu erfüllen, die auf den Körperbau eines Menschen oder eines Schimpansen zugeschnitten sind, halten die Orang-Utans sich vielleicht nicht genauso gut, aber wenn man ihnen ähnlich günstige Bedingungen bietet, schlagen sie sich genauso gut oder besser als die übrigen Menschenaffen.»

Die Hypothese vom Ursprung der Sprache aus der Gestik mag zwar keine Antwort auf das Rätsel liefern, warum Orang-Utans in Gefangenschaft menschliche Verrichtungen mit solcher Bravour erledigen (vielleicht haben die Orang-Utans ja besondere Freude daran, kognitive Wissenschaftler zu frustrieren, genauso wie sie mit Leidenschaft Tierpfleger überlisten), aber es hilft uns zu verstehen, in welcher Weise sich auf einem bestimmten Gebiet herausgebildete höhere geistige Fähigkeiten möglicherweise in anderen Gebieten als nützlich erweisen können. Frei lebende Orang-Utans bewohnen ein überaus mannigfaltiges Ökosystem und müssen sich in ihren Lebensräumen die Standorte und Fruchtreifezeiten einer verwirrenden Vielzahl von Bäumen einprägen. Der Biologe Peter Ashton dokumentierte einmal fünfhundert verschiedene Baumarten auf einem einzigen Hektar Regenwald auf Borneo. Ein wilder Orang-Utan muss außerdem die Bewegungen einer weit verstreuten Gruppe von Weibchen beobachten sowie die Aktivitäten konkurrierender Männchen. Verfeinerte geistige Fähigkeiten, die durch den evolutionären Druck dieser Anforderungen entstanden sind, mögen sich auch anderweitig als nützlich erweisen.

Delphine scheinen ebenfalls eine besondere Herausforderung für die These des Ursprungs der Sprache aus gestischer Verständigung darzustellen. Lou Hermans Arbeit demonstriert, dass diese Tiere sich ziemlich gut darauf verstehen, komplexe menschliche Sätze zu entschlüsseln, aber in Ermangelung von Händen könnten sie, selbst wenn sie es wollten, keine Gesten verwenden.

Tatsächlich werfen die Delphine alle möglichen Fragen auf, was die Ursprünge und das Wesen der Intelligenz betrifft. Der Delphin hat ein sehr großes Gehirn, und viele Maßstäbe, mit deren Hilfe wir uns unserer eigenen intellektuellen Vorherrschaft versichern – das Verhältnis von Körper- zu Gehirnmasse, der Grad der Faltung der Großhirnrinde – müssten ihn eigentlich zu einem ausgesprochen klugen Kerlchen machen. Dem Meeresbiologen Peter Magone zufolge ist einer der interessantesten Aspekte des Delphingehirns die Tatsache, dass seine ausgeprägte Großhirnrinde sich über primitiven Hirnstrukturen entwickelt hat, die mehr mit den Gehirnen so dümmlicher Insektenfresser wie Gürteltieren, Ameisenbären, Spitzmäusen und Faultieren gemein haben als mit den Hirnen der Primaten, der intelligentesten Landsäugetiere.

Dies rechtfertigt eine kurze Abschweifung zu einem als konvergente Evolution bezeichneten Phänomen. Konvergente Evolution ist der Ausdruck, mit dem man die Tendenz der Evolution beschreibt, gleiche Probleme – zum Beispiel das des Fliegens – auch bei einander stammesgeschichtlich ganz fern stehenden Geschöpfen auf gleichartige Weise zu lösen. Ein häufig zitiertes Beispiel sind die Tukane aus Südamerika und die Nashornvögel aus Afrika und Asien, die sich zwar in einer Entfernung von vielen tausend Kilometern entwickelt haben, die aber allesamt über sehr ähnliche, große Schnäbel verfügen, die für den Verzehr von Früchten und Samen im Regenwald besonders gut geeignet sind. William Conway, der Präsident der Wildlife Conservation Society, bemerkt, dass der Riesenalk, ein mittlerweile ausgestorbener Vogel aus dem hohen Norden, sowie Pinguine, deren Verbreitung sich gänzlich auf die südliche Hemisphäre beschränkt, ähnliche physische Strukturen entwickelt hätten, und zwar als Reaktion auf den Selektionsdruck eines frostkalten Meeresklimas. Ebenso gut ist vorstellbar, dass die Evolution auch bei der Herausbildung höherer geistiger Fähigkeiten konvergente Entwicklungen zeitigte. Wenn sich herausstellt, dass ähnliche physische Merkmale bei den Gehirnen von Delphinen und Primaten ähnliche höhere geistige Fähigkeiten bewirken, dann gibt es vielleicht auch eine optimale Struktur für immaterielle Fähigkeiten wie Bewusstsein, gerade so, wie die Natur ähnlichen Bauplänen zuneigt, wenn sie Lebewesen zum Fliegen oder Graben tauglich machen will.

Ist es vorstellbar, dass trotz der vierzig Millionen Jahre währenden Trennung der Delphine von dem Leben auf dem Land die Natur bei Geschöpfen, die sich in einer vollkommen unterschiedlichen Umgebung entwickelt haben, bemerkenswert ähnliche höhere geistige Fähigkeiten geschaffen haben könnte? Wenn ja, wie viele andere intelligente Geschöpfe sind bereits gekommen und wieder gegangen, wie viele von ihnen leben noch irgendwo da draußen? Wenn die

Natur einmal Intelligenz zu verschaffen vermag (und genau das hat sie vor einigen Millionen Jahren bei den Hominiden getan), so hat sie dasselbe vielleicht bei vielen anderen Geschöpfen viele Male schon getan. Die ungefähr zweihunderttausend Jahre, seit es menschliche Intelligenz gibt, sind kurz genug, um auch nur ein Irrtum in der langen Geschichte des Lebens auf diesem Planeten sein zu können. Intelligenz ist vielleicht eine Eigenschaft, die eine Spezies eher zu einem kometenhaften Aufstieg und Fall prädestiniert als zu langfristigem Überleben. Wer weiß? Wir betrachten die Evolution gern als etwas Progressives, aber es ist durchaus möglich, dass schon vor uns Geschöpfe mit so fortgeschrittenen Fähigkeiten wie unseren existiert haben und wieder verschwunden sind. Und es ist möglich, dass verschiedene Tiere durch gänzlich unterschiedliche Umstände ähnliche intellektuelle Fähigkeiten entwickelt haben.

# Flucht aus Topeka ...

## *... und Omaha und Brownsville und ...*

Eine bevorzugte Aktivität von Tieren in Gefangenschaft demonstriert viele der verschiedenen Erscheinungsformen von Intelligenz, mit der Wissenschaftler sich in kontrollierten Studien und in freier Wildbahn beschäftigen. Bei der Verfolgung dieses Hobbys zeigen Tiere Täuschungsmanöver, Werkzeugherstellung, sinnreiche Nachahmung («program-level imitation») und Gedankenleserei. Aber statt die Tiere zu diesen Unternehmungen zu ermutigen, haben wir es hier mit einem Fall zu tun, bei dem den betroffenen Menschen solche Ausdrücke höherer geistiger Fähigkeiten überaus unwillkommen sind; tatsächlich tun sie ihr Bestes, um die in Frage stehende Aktivität zu verhindern. Ich spreche natürlich von Ausbruchsversuchen, einem geschätzten Zeitvertreib vieler Zootiere, der im Falle von Orang-Utans jedoch zu einer einzigartigen Besessenheit wird.

Die Familie Wallenda kann auf eine Tradition von Hochseilartistik zurückblicken. Die Gruccis aus New York sind seit Generationen bekannte Feuerwerker; die Huxleys aus Großbritannien haben seit zwei Jahrhunderten prominente Wissenschaftler und Denker hervorgebracht. Und dann wäre da noch Jonathan, ein inzwischen im Metropark Zoo von Cleveland beheimateter Orang-Utan und wahrer Ausbruchskünstler, sowie seine Nachkommen, die aus Zoos überall im Land ausgebrochen sind. Rudi, die Tochter dieses Orang-Utans, trat in die Fußstapfen ihres Vaters. Sie verbrachte einige Zeit im Lowry Park in Tampa, Florida, versuchte aber so oft – mit und ohne Erfolg –, zu fliehen, dass sie nach Topeka zurückgeschickt wurde, wo sie aufgewachsen war.

Einer von Jonathans ehemaligen Pflegern erzählte mir im Dezember 1998, dass Jonathans Sohn Joseph zwei Tage zuvor aus dem Zoo von Kansas City, Missouri, geflüchtet war. Diese Flucht war die Einfachheit selbst. Joseph hatte lediglich einen Gummireifen, den man ihm zum Spielen gegeben hatte, auf den Elektrodraht gelegt, der das Gehege umspannte, und war hinausgeklettert. Als ich dann dieses Kapitel noch einmal durchsah, bekam ich die Nachricht, dass Jonathan selbst wieder einmal geflohen war, diesmal aus dem Metropark Zoo von Cleveland.

Jonathan passt seine Fluchtstrategien der jeweiligen Situation an. Vor einigen Jahren, als Jonathan sich im Zoo von Los Angeles befand, führte man ihn in ein neues Gehege, in dem Orang-Utans mehr Platz hatten. Eine der Besonderheiten des neuen Geheges war ein sehr schöner Baum in der Mitte. Bei einem seiner ersten Besuche im neuen Heim musterte Jonathan die ihn umgebenden Mauern, besah sich den Baum und riss diesen dann vor den Augen von Tierpflegern, Würdenträgern und Passanten aus der Erde, stellte ihn an die Mauer und kletterte hinaus.

Nach Los Angeles und bevor er in den Topeka Zoo in Kansas kam, verbrachte Jonathan einige Zeit in Buffalo, New York. Dort sperrte man ihn in ein Gehege, das einer der Pfleger als «archaisch» bezeichnete und das eine Glasfront für die Beobachtung durch Zoobesucher aufwies. Im hinteren Teil des Geheges befanden sich Gitterstäbe, die ihn von dem Servicebereich trennten. Wenn es nicht gerade zu schwerer Nachlässigkeit von Seiten der Wärter kam, war eine Flucht unmöglich, daher amüsierte Jonathan sich mit anderen Schelmereien. Gab man ihm Jutetaschen zum Spielen, schlug er damit zwischen den Gitterstäben hindurch nach den Dampfleitungen, die entlang der Wand des Servicebereichs verliefen. Verfing sich die Tasche an einem der Rohre, zog er es von der Wand.

Ein Verhaltensforscher hätte Jonathans Versuche, seine Pfleger zu verblüffen, für eine Studie über die Erfindung und Verwendung von Werkzeugen im Tierreich benutzen können. Als die Pfleger zum Beispiel klugerweise beschlossen, ihm die Jutetaschen wegzunehmen, und ihm stattdessen einen Pappkarton zum Spielen gaben, zögerte Jonathan keinen Augenblick lang. Er riss die Kartons auseinander, formte die Pappe zu Spießen und benutzte diese dann, um die Leuchtstoffröhren in der Decke des Käfigs zu zerstören.

Seinen Pflegern zufolge legte Jonathan so ziemlich jedes Verhalten an den Tag, das bisher in diesem Buch erörtert wurde. Er war ein leidenschaftlicher Händler (und zeigte eine besondere Vorliebe für Zigaretten, wenn er etwas in die Hände bekam, das seine Pfleger von ihm haben wollten). Wenn eine so simple Strategie wie das Ausreißen eines Baums ihm nicht zur Flucht aus einem Gehege verhalf, griff Jonathan zu raffinierteren Verfahren. Sein denkwürdigster Fluchtversuch bewies eine Planung und eine Geduld, wie sie eines Tim Robbins würdig wären, der in dem Kinofilm *The Shawshank Redemption* die Rolle eines zu Unrecht verurteilten Mörders spielt, der jahrelang minutiös seinen Ausbruch aus dem Gefängnis plant. Um Jonathans kunstvollsten Fluchtversuch zu verstehen, bedarf es einer genaueren Schilderung des Schauplatzes.

Das «Discovering Apes»-Gebäude im Topeka Zoo besteht aus einem Außengehege sowie einem durch einen Korridor damit verbundenen Innengehege. Dieser Bereich besteht aus einer Reihe von Käfigen, die kreisförmig um einen zentralen Bereich angeordnet sind. Von dem Korridor, der das Außen- und das Innengehege verbindet, zweigt ein Servicebereich ab, in dem sich ein kleiner Käfig für Affen befindet, und von diesem Bereich wiederum führt eine Tür und eine Treppe zu einem Untergeschoss. So genannte «Guillotine»-Türen sichern die Innenkäfige, und dieselbe Art von Tür befindet sich an beiden Enden des Gangs, durch den das Außengehege mit dem Innengehege verbunden ist. Diese Türen gleiten in ihren Führungen nach oben (offen) und unten (geschlossen) und haben eine Füllung aus kräftigem Maschendraht. Sie werden mit Druckluft bewegt und von einer Schalttafel in einem ein Geschoss über den Gehegen gelegenen Raum bedient. Dieser Raum hat einen Plexiglasfußboden, so dass die Pfleger sehen können, was in dem Stock unter ihnen vorgeht. Die anderen Türen, die zu Treppenhäusern führen, sind ebenfalls Ehrfurcht gebietend –

Stahltüren, wie man sie im Hochsicherheitstrakt eines Gefängnisses für Schwerverbrecher vermuten würde.

Orang-Utans sind extrem kräftig, und um zu verhindern, dass die Affen die pneumatisch bewegten Türen mit Gewalt aufbrechen, haben die Planer oben an der Tür zusätzliche Riegel angebracht, die mit Stiften gesichert sind, an denen sich Bärte befinden. Wenn die Tür geschlossen ist, steckt deren oberster Rand zwischen zwei Platten, die vom oberen Stockwerk aus erreichbar sind. Ein Pfleger schiebt dann den Stift durch schlüssellochähnliche Öffnungen in den Platten und der Tür. Dann wird der fünfzehn Zentimeter lange Stift eingedreht, so dass er nicht herausgezogen werden kann, bevor er wieder in die richtige Lage gedreht wird. Insgesamt genommen hätten diese verschiedenen redundanten Sicherheitssysteme eigentlich genügen müssen, um die meisten Menschen gefangen zu halten, geschweige denn einen Affen, der in freier Wildbahn selten Werkzeuge benutzt. Aber 1986 hatte Jonathan eine Motivation, die weit über sein gewöhnliches Verlangen hinausging zu fliehen, nur um zu beweisen, dass er es konnte.

Zu den weniger ritterlichen Aspekten der Orang-Utan-Gesellschaft scheint die Neigung der meisten Männchen zu gehören, auch widerstrebende Weibchen zum Geschlechtsverkehr zu zwingen. Jonathan tat das, um menschlichen Besuchern seine Dominanz zu zeigen, und einem Pfleger zufolge führte das dazu, dass die Weibchen in Angst und Schrecken gerieten, wann immer eine neue Person im Inneren des Geheges auftauchte. Jedenfalls schien Jonathan dieses Verhalten als ein Privileg zu betrachten, und es gefiel ihm überhaupt nicht, als man ihm die Gesellschaft der Orang-Utan-Weibchen verweigerte.

Mit bösen Ahnungen isolierten die Pfleger also Jonathan von der Hauptgruppe, nachdem eines der Weibchen schwanger geworden war. Dies geschah zur Sicherheit der werdenden Mutter, aber Jonathan, der nun in einem Käfig im Innengehege gefangen gehalten wurde, betrachtete es als eine Ungerechtigkeit und als eine Herausforderung. Die Pfleger versuchten, ihm seine Einzelhaft ein wenig erträglicher zu machen, indem sie dem Orang-Utan einen großen

LKW-Reifen und andere Spielzeuge gaben. Und Jonathan befand sich nicht allein in dem Käfig. In einem Inkubator im Servicebereich lag sein damals eine Woche alter Sohn Joseph, während Jonathans kleine Tochter Rudi in einem Spielbereich in einem anderen Käfig saß. Zu verschiedenen Zeiten kamen freiwillige Helfer herein, um einige Zeit mit Rudi zu verbringen. Da Jonathan hinter den pneumatischen Türen seines Käfigs festsaß, ließen die Pfleger beide pneumatischen Türen zum Korridor auf, ebenso wie die Gefängnistüren, die zum Servicebereich und ins untere Stockwerk führten.

Erst versuchte Jonathan auf mannigfaltige Weise, die Sicherheitssysteme zu überwinden. So legte er zum Beispiel Heu auf den Boden vor seiner Käfigtür, damit sie sich nicht ganz schloss, und versuchte dann mit seiner erstaunlichen Kraft, sie hochzustemmen. Daraufhin schob ein Pfleger den Stift durch den Maschendraht der Tür, damit diese sich nicht weiter öffnete. Bei einer anderen Gelegenheit, als der Pfleger die Treppe hinunterkam, um das Hindernis wegzuräumen, hatte Jonathan sich versteckt und versuchte, den Pfleger am Knöchel zu packen.

Dann versuchte Jonathan es mit einer neuen Strategie. Eine Dozentin, eine von Rudis regelmäßigen Besucherinnen, berichtete den Pflegern wiederholt, dass Jonathan bei ihrem Erscheinen bisweilen auf dem LKW-Reifen stand und sich an etwas an der Käfigdecke zu schaffen machte. Geoff Creswell, damals einer der Hilfspfleger, stattete Jonathan ebenfalls regelmäßige Besuche ab, aber wann immer er in das Gehege kam, saß der Orang-Utan still für sich allein in einer Ecke. Zu jener Zeit bestand zwischen Creswell und Jonathan eine eher unerfreuliche Beziehung – vermutlich war Jonathan dem Pfleger böse, weil dieser etwa zu der Zeit seine Arbeit in dem Gehege aufnahm, als man Jonathan von den Weibchen isolierte.

Der Zweck von Jonathans mysteriösem Gefummel wurde eines Tages offensichtlich, als Creswell gerade von seiner Mittagspause zurückkam. Als er durch den Korridor zwischen dem Außengehege und den Innenkäfigen ging, kam er am Servicebereich vorbei. Er warf einen Blick durch das Glas auf die Gefängnistür und stellte fest, dass etwas nicht stimmte. Irgendjemand oder irgendetwas hatte den Inkubator mit dem neugeborenen Joseph bewegt. Creswell beschloss, der Sache auf den Grund zu gehen, und betrat den Servicebereich. Während er noch über das Rätsel um den zur Seite gerückten Inkubator nachdachte, unterbrach ihn ein Geräusch bei seinen Überlegungen. Er hob den Kopf und sah Jonathan von dem Innenkäfig her auf sich zukommen. Ein ausgewachsenes Orang-Utan-Männchen sieht schon gigantisch aus, aber ein ausgewachsenes Männchen, dem die Haare zu Berge stehen und das seine gewaltigen Arme ausstreckt, sieht aus wie King Kong. Es ist leicht begreiflich, warum einige Menschen, die in freier Wildbahn über Orang-Utans gestolpert sind, behaupteten, diese seien über drei Meter groß gewesen.

Geoff verlor keine Zeit, um nachzumessen, sondern sprang eilig durch die Gefängnistür, die den Servicebereich von der Küche trennte, und schlug die Tür hinter sich zu. Jonathan stemmte die Füße gegen die Tür und zog und zerrte am Griff der Stahltür. Auch wenn er sie nicht aufbekam, gelang es ihm doch, den Stahl zu verbiegen. Dann wandte er seine Aufmerksamkeit dem Servicebereich zu und entdeckte den Inkubator. Jonathan hob den stabilen, metallgerahmten Inkubator an zwei seiner Beine in die Höhe und schleuderte ihn die Treppe hinunter. (Joseph, der sicher in dem Inkubator lag, überlebte diese raue Behandlung ohne böse Nachwirkungen und startete schon bald seine eigene Verbrecherkarriere.)

Mittlerweile hatte Creswell ein Funkgerät gefunden und Alarm gegeben. «Wenn so etwas passierte», erinnert er sich, «kam für gewöhnlich das halbe Personal herbeigelaufen, während die andere Hälfte sich aus dem Staub machte.» Als Jonathan das Aufgebot von Pflegern nahen sah, wuchs seine Erregung, und er begann zu schreien und eine der stählernen Gefängnistüren immer wieder zuzuschlagen. In der Zwischenzeit hatte Geoff die Kontrollstelle für die pneumatischen Türen erreicht. Mit Schmeichelei und vielleicht, weil Jonathan wusste, dass die Sache gelaufen war, konnten die Pfleger den Orang-Utan schließlich in eine Ecke neben einen stählernen Käfig locken. Dann wurde der Tierarzt des Zoos an einem Seil in den Käfig im Servicebereich hinabgelassen, wo er einen Beruhigungspfeil auf den erregten Affen abschoss.

In der Kontrollstelle für die pneumatischen Türen bemerkte Creswell, dass der Stift, mit dem die Tür von oben gesichert wurde, auf dem Plexiglasboden lag. Später, bei der Rekonstruktion der Flucht, kamen Geoff und die anderen Tierpfleger dahinter, dass Jonathan offensichtlich ein Stück Pappe benutzt hatte, um den Stift über ihm zu erreichen. Dann hatte er so lange daran gewackelt, bis er ihn mit demselben Stück Pappe zurückschieben konnte. Jonathan machte es den Pflegern leicht, seinen Fluchtversuch zu rekonstruieren, weil er, kaum dass er wieder im Käfig war, dasselbe noch einmal versuchte.

Durch Beobachtung seiner Pfleger scheint er herausgefunden zu haben, wie die Türen bedient wurden und wie der Riegel funktionierte. Geoff stellte außerdem die Vermutung auf, dass Jonathan zwischen den Rängen der verschiedenen Pfleger unterschied. Der Dozentin gegenüber unternahm er nur sehr halbherzige Versuche, sein Gefummel verborgen zu halten, aber wenn Creswell oder die anderen Pfleger in der Nähe waren, arbeitete er überhaupt nicht an dem Schloss.

Um neuerlichen Fluchtversuchen vorzubeugen, verkeilten die Pfleger den Stift so mit einem Besenstiel, dass Jonathan ihn nicht zurückschieben konnte. Creswell berichtet, dass die Pfleger drei Jahre später sehen wollten, was passieren würde, wenn sie den Besenstiel wegnahmen. Jonathan verschwendete keine Zeit, sondern machte sich sofort wieder daran, an dem Stift zu arbeiten.

Jonathan inszenierte noch eine Reihe anderer Fluchtversuche, wann immer sich die Gelegenheit bot. Einmal kam er aus dem Innenkäfig heraus und versuchte, eine zurückgelassene Leiter als Rammbock gegen eine Schwachstelle in einer Gefängnistür einzusetzen. Ein andermal machte er sich eine versehentlich unverschlossene Tür zunutze. Als einige Pfleger ihn fanden, hielt er sich in dem zentralen Bereich auf. Er hatte einen Schlauch aus der Wand gerissen und füllte einige Tassen mit Wasser, das er dann in einen Korb goss. Als Nächstes versuchte Jonathan, Stiefel und

Gummihandschuhe anzuziehen, dann griff er sich einen Schrubber und imitierte einen Arbeiter bei der Säuberung des Fußbodens.

Während ein komparativer Psychologe vielleicht einwenden würde, dass diese letzte Episode ein Beispiel blinder Nachahmung sei, so muss man doch berücksichtigen, wie viel Planung, wie viel Geschicklichkeit bei der Herstellung von Werkzeugen und welches technische Verständnis für Jonathans Fluchtversuch notwendig waren. Kanzi, der Zwergschimpanse, mag zwar einen Stein gefunden und ihn zerschmettert haben, um ein Messer zu erhalten, wie im vorherigen Kapitel beschrieben, aber man hatte ihm schließlich auch gesagt, dass er sich einen Stein suchen solle. Jonathans Fall lag anders. Er machte sich Werkzeuge, obwohl die Menschen um ihn herum alles in ihrer Macht Stehende taten, um ihn daran zu hindern, seine Fähigkeiten als Werkzeugmacher anzuwenden.

Obwohl die angeführten Beispiele keine Beweiskraft haben, scheint es doch, als hätte der Affe seine Bemühungen vor jenen Pflegern verborgen gehalten, die er als feindselig einstufte, aber nicht vor den freiwilligen Helfern, die er für harmlos hielt; vielleicht offenbarte er damit die Art von Verständnis für den Gemütszustand anderer, welche den Menschen einen solchen Vorteil verschafft. Sein Fehler bestand darin, dass er nicht zu begreifen schien, dass im Rang weiter unten stehende Menschen in der Lage sind, ranghöheren Menschen detaillierte Informationen zu übermitteln – ein Irrtum, wie man ihn typischerweise bei dreijährigen menschlichen Kindern findet, die diese Vorstellung mit den Jahren jedoch ablegen.

Durch Beobachtung knobelte Jonathan die wichtigsten Elemente des Sicherheitssystems aus und fand heraus, wie die verschiedenen Komponenten funktionierten. Danach konnte er ein Werkzeug benutzen, das er sich angefertigt hatte, indem er ein Stück Pappe zusammenrollte (so wie er bisweilen auch Heu zu einer Art Stock formte), um den Stift zu drehen und zurückzuziehen. Als man ihm drei Jahre später wieder die Möglichkeit dazu gab, versuchte er von neuem, den Stift zu lösen. Beide Male steckte hinter seiner Leistung keine Ermutigung durch seine Pfleger. Dies scheint ein so klares

Beispiel für sinnreiche Nachahmung zu sein wie jede gestellte Situation in einer kontrollierten Studie.

Auch wenn Jonathans Fluchtversuche gut dokumentiert sind, gibt es keinen Hinweis darauf, dass er ein außergewöhnlicher Orang-Utan ist. Fu Manchu, der Orang-Utan aus Sumatra, der ein Stück Draht für einige nächtliche Fluchtversuche im Zoo von Omaha benutzte, vertuschte seine Bemühungen gleichfalls. Auch er fand und formte ein Werkzeug und nutzte seine Beobachtungsfähigkeit, um eine Abfolge von Bewegungen zu planen, die vorübergehend zur Freiheit führten.

Sein Fluchtversuch hat sich während der drei Jahrzehnte, die seither vergangen sind, zu einer Art Zoolegende gemausert (Fu Manchu ist übrigens vor zwei Jahren im Gladys Porter Zoo in Brownsville, Texas, gestorben). Der Direktor dieses Zoos, Jerry Stones, erzählt, dass Fu Manchu genau wie Jonathan größte Entschlossenheit bei seinen Fluchtversuchen zeigte; er war ein Künstler seines Faches, ein Meister seines Handwerks. Wann immer er in ein neues Gehege kam, inspizierte er zuerst die Vorhängeschlösser, um festzustellen, ob vielleicht eins unverschlossen geblieben war.

Fu Manchu unternahm seine erste Serie von Fluchtversuchen im Oktober 1968, als der Zoo den Winter über für die Öffentlichkeit geschlossen war. Bei gutem Wetter führte man die Orang-Utans in das größere Außengehege, damit sie ein wenig frische Luft schnappen konnten. Als Stones an einem solchen Tag gerade in einem anderen Teil des Zoos beschäftigt war, erschien ein atemloser Pfleger bei ihm, um ihm zu erzählen, dass die Orang-Utans in den Bäumen in der Nähe der Elefantenscheune säßen. Stones kletterte auf die verschiedenen Bäume und beschwatzte die Affenschar, hinunterzusteigen und in ihre Käfige zurückzukehren. Dann überprüfte er das Gehege und stellte fest, dass eine offene Tür vom Graben in den Heizkeller führte. Die Orang-Utans waren durch die Tür und dann eine Treppe hinaufgegangen, die zu den großen Außentüren führte, und unterwegs hatten sie Halt gemacht, um an der Verkabelung der Heizanlage herumzuspielen.

Stones zog die Pfleger für ihre Achtlosigkeit zur Rechenschaft, und damit war der Zwischenfall erledigt. In dem festen Zutrauen, dass die Flucht das Ergebnis von menschlicher Fahrlässigkeit war, ließen die Pfleger die Orang-Utans am nächsten schönen Tag wieder in das Außengehege hinaus. Wieder entkamen sie. Diesmal, so sagt Stones, sei er drauf und dran gewesen, jemanden zu feuern.

Als die Affen das nächste Mal ins Freie gelassen wurden, kam ein Pfleger zu Stones gelaufen und sagte: «Sie müssen sehen, was Fu Manchu da treibt.» Zusammen mit dem Pfleger kehrte Stones zurück und nahm auf einem Hügel Aufstellung, wo die Affen ihn nicht sehen konnten.

Vor Stones' Augen kamen die Orang-Utans ins Außengehege hinaus. Fu Manchu kletterte eilig in den Graben hinein. Während er dann mit der einen Hand die Tür von unten hochschob, förderte der Orang-Utan in der anderen Hand einen steifen Draht zutage. Nachdem er den Draht zwischen die Tür und den Rahmen geschoben hatte, ließ er damit den Riegel zurückschnappen, und die Tür öffnete sich. Wieder einmal hatte Fu Manchu sich befreit, und seine Familie folgte ihm.

Binnen kurzer Zeit wurden die flüchtigen Orang-Utans wieder eingefangen. Stones wusste jetzt, wie der Orang-Utan herauskam, aber er hatte keine Ahnung, wo Fu Manchu zwischen seinen verschiedenen Fluchtversuchen den Draht aufbewahrte. Nur einen Tag später, als Stones den Orang-Utan vom Außengehege wieder hineinbrachte, bemerkte er, dass etwas Leuchtendes leicht aus dem Mund des Orang-Utans herausragte. Er stellte sich vor Fu Manchu hin, zog ihm die Lippen ein Stück zurück (ihre Beziehung war so stabil, dass Fu Manchu ihm das erlaubte) und entdeckte das Stück Draht. Fu Manchu hatte den Draht in eine Form gebogen, die es ihm ermöglichte, ihn problemlos zwischen Lippen und Kiefer zu verstecken. Anscheinend hatte der Orang-Utan den Draht schon seit einer ganzen Zeit im Mund herumgetragen und nur auf eine günstige Gelegenheit gewartet. Der Fall der verschwundenen Orang-Utans sorgte für eine Menge Publicity in der Presse. Fu

Manchu wurde für seinen Einfallsreichtum zum Ehrenmitglied der Amerikanischen Schmiedevereinigung erklärt.

Stones und Fu Manchu zogen später in den Zoo von Brownsville um. Auch hier zeigten die Orang-Utans bei ihren Bemühungen, die Sicherheitsvorkehrungen zu überwinden, was in ihnen steckte. Dieses Gehege bestand aus einer künstlichen Insel, die von einem stabilen Elektrozaun eingefasst wurde. Ichabod, eins der Orang-Utan-Männchen, kam dahinter, dass er zwar einen Schlag bekam, wenn er auf dem Boden stand und dann den Zaun berührte, ihm jedoch nichts passierte, wenn er auf den Draht sprang und sich über den Zaun rollte, ohne dabei geerdet zu sein. Ferner befand sich auf der Insel eine Palme, die ebenfalls durch einen Elektrozaun geschützt wurde. Stones berichtet, die Pfleger hätten die Vorrichtung ständig verbessern müssen, um den Orang-Utans, die immer wieder versuchten, den Draht kurzzuschließen, möglichst einen Schritt voraus zu sein. Nachdem eins der Weibchen einen Porzellanisolator mit einem Stein zerschlagen und den Draht kurzgeschlossen hatte, indem es ihn in die Erde drückte, brachten die Techniker des Zoos die Strom führenden Drähte über einer Isolationsschicht direkt an dem Baum an. Ein Weibchen wickelte daraufhin ein kräftiges Palmenblatt um die Isolierung, zog an beiden Enden und riss sie auf diese Weise vom Baum – und lieferte damit ein weiteres schönes Beispiel für die Herstellung von Werkzeug.

Es gibt noch viele andere gefeierte Houdinis unter den Orang-Utans. Im Zoo von San Diego gelangte ein Serienausbrecher namens Ken Allen zu solcher Berühmtheit, dass ein unternehmerisch begabter Zoobesucher ein Sweatshirt mit Schlagzeilen bedruckte, die von den verschiedenen Ausbruchsversuchen des Orang-Utans kündeten. Bei einem seiner Fluchtversuche lehnte er Bambusstangen an die Mauer und benutzte sie als Leiter, um aus seinem Gehege herauszukommen, eine simple Strategie, die von allen möglichen Tieren angewendet wird.

Der mittlerweile pensionierte Marvin Jones war als Registrator im Zoo von San Diego beschäftigt und führte fünfzehn Jahre lang das Zuchtbuch mit den Ahnentafeln sämtlicher Orang-Utans in allen seriösen Zoos der Welt. Er war auch während Ken Allens wiederholten Fluchtversuchen im Zoo von San Diego und erinnert sich noch gut an das Chaos, das sie auslösten. Die Fluchtversuche begannen direkt nach der Fertigstellung einer neuen Einrichtung für die Orang-Utans, wo die Tiere in unmittelbarer Nähe von Gehegen mit Dschungelturngeräten und Bäumen untergebracht waren.

Nachdem man Ken Allen in das Gehege gebracht hatte, untersuchte er es sofort auf eventuelle Ausbruchsmöglichkeiten. «Ein Orang-Utan findet unweigerlich die schwächste Stelle eines Geheges und beginnt, daran zu arbeiten», sagt Jones. Obwohl die meisten seiner Versuche unbeobachtet blieben, scheint festzustehen, dass Ken Allen zu diesem Zweck in den Graben stieg, wo er eine Möglichkeit entdeckte, Zentimeter für Zentimeter die Mauer hinaufzuklettern. «Was Kraft betrifft, so steckt in jedem Finger eines Orang-Utans ungefähr so viel wie in der ganzen Hand eines Menschen», bemerkt Jones dazu, «und daher ist es so, als hätten sie fünf Hände an jedem Arm. Mit einer solchen Haltekraft können sie auf viele Dinge klettern, die man für unbezwingbar halten würde.»

Nachdem er aus seiner Behausung entkommen war, spazierte Ken Allen gewöhnlich zur Vorderseite des Geheges und setzte sich dort einfach hin. Er war handaufgezogen, so dass er an Menschen gewöhnt war, und mehr als ein Besucher gesellte sich bei diesen Ausbrüchen zu ihm, um ihn zu streicheln. Sobald man ihn wieder eingefangen hatte, brauchten die Tierpfleger ihn lediglich zu seinem Gehege zurückzuführen. «Ich glaube nicht, dass er wirklich wegwollte», sagt Jones dazu. «Ich denke, er suchte einfach nach einem Problem, um seinem Technikergehirn etwas zu tun zu geben.» Der Zoo baute den Graben um, und Ken Allens Fluchtversuche fanden ein Ende. Der mittlerweile zwanzig Jahre alte Affe befindet sich noch immer in dem Zoo, hat sich aber eine gesetztere Lebensweise zu Eigen gemacht.

Ein anderer Orang-Utan, der sich mit Hilfe von Täuschungsmanövern und langfristiger Planung befreite, bestätigte ebenfalls die Vermutung, dass Ausbruchsversuche nicht unbedingt bedeuten, dass ein Tier mit seinen Lebensbedingungen unzufrieden ist. Ich spreche von dem Orang-Utan-Männchen Chantek, dem Lyn Miles die Zeichensprache beigebracht hatte. Ende der achtziger Jahre – Chantek war noch ein Teenager – inszenierte er einen Fluchtversuch von seinem Zimmer aus, das sich in einem Wohnwagen in Chattanooga, Tennessee, befand. Indem er über einen Zeitraum von mehreren Tagen fleißig arbeitete (Lyn Miles weiß nicht, wie viele Tage es waren, da sie das Täuschungsmanöver erst später aufdeckte), ribbelte Chantek nach und nach den Maschendraht auf, der seinen Raum vom Rest des Wohnwagens trennte, aber wenn Lyn oder ihre Assistenten zurückkamen, brachte er den Draht wieder in seine ursprüngliche Form, um sein Tun zu verbergen. Sobald er ein hinreichend großes Loch geschaffen hatte, brach er aus und verwüstete den Wohnwagen.

Andererseits gibt es auch starke Beweise dafür, dass Chantek den Wohnwagen als eine Art Zuflucht betrachtete. Als er noch jung war, kam der Zirkus Ringling Bros. and Barnum & Bailey in die Stadt, und seine Direktoren boten Lyn die Gelegenheit, Chantek mit den Tieren des Zirkus zusammenzubringen. Alles ging gut, bis der Orang-Utan die Möglichkeit erhielt, einen Tiger zu streicheln. Chantek verlor völlig die Fassung, sprang aus Lyns Armen und rannte über den Campus der University of Tennessee, dann weiter quer über den Fußballplatz und zurück in seinen Wohnwagen.

Drinnen drehte er sofort ein Schild um, das Lyn für das Fenster des Wohnwagens gemacht hatte. Auf dem Schild stand, dass sie und Chantek nicht da seien, aber bald zurückkämen, mit anderen Worten, Chantek erklärte den Tigern, von denen er sich verfolgt wähnte, dass er nicht zu Hause sei. Anschließend versperrte er noch zwei verschiedene Türen, was Lyn, die atemlos versuchte, ihren in Panik geratenen Schützling einzuholen, dazu zwang, durchs Fenster zu klettern. Als letzte Vorsichtsmaßnahme legte Chantek sich noch in seine Schlafhängematte und zog sich die Decken über den Kopf.

Lyn sagt, sie habe einen ganzen Tag schmeicheln und bitten müssen, um ihn aus seinem Versteck zu bekommen. Von diesem Tag an gehörte es zu Chanteks Einschlafritual, dass Lyn eingehend aus dem Fenster des Wohnwagens blickte und feststellte, dass draußen keine «Katzen» herumliefen. Der Zwischenfall mit dem Wohnwagen lieferte Lyn aber auch eine Waffe für solche Gelegenheiten, da Chantek sich weigerte hereinzukommen. Sie brauchte lediglich zu erwähnen, dass sich «böse Katzen» in der Nähe befänden, und Chantek kam herbeigestürzt. (Ich sollte noch erwähnen, dass Chantek Hauskatzen durchaus mochte, dass er sogar einmal eine streunende Katze adoptiert hatte, die er Kitty nannte, indem er mit beiden Händen zugleich das Zeichensprachesymbol für «Katze» machte.)

Im Gegensatz zu anderen Orang-Utans konnte Chantek bei seinen Versuchen, aus einem Gehege zu fliehen, auf sprachliche Fähigkeiten zurückgreifen. Nachdem er vierzehn Jahre mit Lyn verbracht hatte, gab die University of Tennessee Chantek an das Yerkes Regional Primate Center zurück, und Lyn durfte Chantek jahrelang nicht sehen. Auf ihre wiederholten Bitten hin veranlasste Terry Maple, der Direktor von ZooAtlanta, dass Chantek in den Zoo gebracht wurde und Lyn ein Wiedersehen mit dem roten Affen feiern konnte, das von ABC-Television gefilmt wurde. Zuerst schien Chantek erschüttert zu sein, dass Lyn in sein Leben zurückgekehrt war, aber nach einer Weile beruhigte er sich und machte das Zeichen für «Eiscreme», eine seiner Lieblingsspeisen. (Chantek war der Affe, der sein Gewicht von vierhundert Pfund auf zweihundertfünfundvierzig reduzierte.) Dann widmete er seine Aufmerksamkeit der Frage, wie er aus seinem neuen Käfig herauskommen könne.

Zuerst ging Chantek an eine Tür und machte das Zeichen für «Öffnen». Lyn signalisierte ihm: «Nein.» Woraufhin er ihr antwortete: «Holen Schlüssel.» Lyn erklärte ihm, dass sie das nicht könne. Da zeigte er auf eines der Schlösser und machte das Zeichen: «Holen Auto.» Diesmal antwortete Lyn per Zeichensprache: «Gehen wohin?» Chantek erwiderte: «Gehen nach Hause.» Lyn bedeutete ihm: «Das hier Zuhause.» Chantek erinnerte sich nicht nur an seinen Zeichenwortschatz, sondern benutzte die Sprache methodisch, um aus dem Zoo herauszukommen.

Obwohl Orang-Utans, was Fluchtversuche aus Zoos betrifft, die absoluten Superstars sind, haben auch andere Affen vorhandene Requisiten und Werkzeuge benutzt, um aus ihrem Gehege zu fliehen. So stellte im Woodland Park Zoo eines Tages Kiki, der Gorilla, einen Baumstamm an den Graben und kletterte hinaus. Einmal im Freien, schlüpfte Kiki in die Rolle einer Zoobesucherin. Als die Pfleger sie fanden, saß sie im Gebüsch oberhalb des Geheges und beobachtete die Eisbären im angrenzenden Gehege. (Man darf wohl mit Sicherheit davon ausgehen, dass Gorillas in der Wildnis niemals Eisbären begegnen.)

Es kommt bei Fluchtversuchen von Gorillas, Schimpansen und Orang-Utans mitunter auch zur Zusammenarbeit mehrerer Tiere. Im Zoo von Arnheim in den Niederlanden bildete eine Gruppe von Schimpansen eine Pyramide, so dass einer von ihnen auf einen Zaun klettern konnte. Dieser beugte sich dann vor, um den anderen herauszuhelfen.

Zwar beherrschen die Affen das Erzählgut zum Thema Fluchtversuche, aber auch andere Arten stellen die Sicherheit von Käfigen und Gehegen auf ernste Proben. Es gibt wenigstens eine Geschichte über einen Papagei, der einen gewissen Einfallsreichtum zeigte, um aus seinem Käfig zu entkommen und anschließend einen kollektiven Ausbruch zu inszenieren. Sally Blanchard erzählt, dass diese Episode sich vor ungefähr zwanzig Jahren in Wichita, Kansas, ereignet habe, in einer Brutgemeinschaft von etwa dreißig Paaren von Gelbkopfamazonen. Der Fluchtversuch fand statt, während Bill und Wilma Fisher, welche die Papageien großzogen, auf einer Papageienshow waren. Chango, einer der Papageien, schraubte mit dem Schnabel das Gestänge seines Käfigs auseinander, bis dieser zusammenbrach. Sobald er draußen war, gelang es ihm irgendwie, die anderen Käfige einen nach dem anderen zu öffnen. Sally Blanchard passte auf die Vögel auf, solange die Fishers nicht da waren, und als sie am Abend vorbeikam, hatten sich fast alle Vögel befreit und feierten eine Papageienparty.

Auch sind die Affen nicht die einzigen Tiere, die Requisiten für Fluchtversuche benutzt haben. Bonnie Beaver, eine Verhaltensforscherin an der Texas A & M University, berichtet von einer Familie an der Universität, die vor einigen Jahren feststellte, dass ihr Hund immer wieder aus dem von einem hohen Zaun umgebenen Garten verschwand. Schließlich kamen die Besitzer dahinter, dass der Hund auf den Holzhaufen kletterte und von dort aus über den Zaun. Die Besitzer verlagerten den Holzhaufen in die Mitte des Gartens. Der Hund war damit nicht einverstanden und begann, das Holz wieder zum Zaun zurückzuschleppen, um dort seinen eigenen Haufen zu bauen.

Dieser Hund wollte vielleicht nur deshalb fliehen, weil Hunde im Allgemeinen gern herumstromern. Die verschiedenen Fluchtversuche von Affen, mit denen ich mich beschäftigt habe, wurden von einer Vielzahl von Faktoren motiviert. Manchmal möchte das Tier, wie im Falle des Gorillas Jumoke im Woodland Park Zoo, zu seiner Familie und zu seinen Freunden zurück, die sich anderswo im Zoo befinden.

Aber bei vielen Ausbruchsversuchen von Orang-Utans könnten subtilere Gründe der Auslöser gewesen sein. Ein Tier, das klug genug ist, um ein raffiniertes Schloss zu knacken, wie Fu Manchu oder Jonathan es getan haben, ist gleichfalls klug genug, um dahinter zu kommen, dass Brownsville und Topeka keine besonders Orang-Utan-freundlichen Orte sind. Sie wissen, dass das Zoogehege ihnen Nahrung und Sicherheit gewährt, und man darf wohl davon ausgehen, dass sie auch wissen, dass ihre menschlichen Pfleger es gut mit ihnen meinen. Nach dem ersten Fluchtversuch ist ihnen auch klar, dass das Schlimmste, was passieren kann (solange sie sich nicht allzu weit weg wagen), die Schande ist, von einem Beruhigungspfeil getroffen zu werden. Gegen diesen Preis stehen die unbezahlbaren Vorzüge, die ein solches Kräftemessen mit ihren menschlichen Wächtern hat, und ein paar herrliche Augenblicke lang haben sie jedes Mal das Vergnügen, zusehen zu dürfen, wie die Menschen um sie herum in Panik geraten.

Zoodesigner kalkulieren die speziellen Begabungen der Orang-Utans für Fluchtversuche mit ein und stellen gelegentlich die Affen selbst als Berater an. Bevor der Zoo von Los Angeles ein neues Schimpansengehege einweihte, erprobte man dessen Sicherheit unter anderem, indem man einen Orang-Utan hineinbrachte und beobachtete, ob er wieder herauskommen konnte. Dahinter stand die Überlegung des Zoopersonals, dass Schimpansen nicht würden entkommen können, wenn selbst ein Orang-Utan bei diesem Bemühen scheiterte.

Wie im Falle von Spielen, dem Einsatz von Werkzeug und bei Täuschungsmanövern verrät vielleicht auch die große Leidenschaft, mit der Orang-Utans aus ihren Gefängnissen zu fliehen versuchen, etwas über die Evolution der Intelligenz. Auf die Frage, was Orang-Utans zur Flucht befähigt, wo andere Tiere scheitern, bekommen wir von verschiedenen Tierpflegern und Spezialisten unterschiedliche Antworten. Einige sprechen über die Mischung aus Einsicht und Kraft, die diese Tiere besitzen – ein Orang-Utan kann zum Beispiel mit dem Fingernagel eine große Schraube lösen –, andere führen ihr Interesse an Maschinen ins Feld, und Marvin Jones sagt, es sei ihre Geduld. «Ein Orang-Utan arbeitet unermüdlich, bis er sein Ziel erreicht. Schimpansen beschäftigen sich nicht so lange mit einer einzigen Sache.»

Daran könnte etwas Wahres sein. Als ich *Die Kolonie der sprechenden Schimpansen* schrieb, hatte ich eine Menge Zeit auf die Beobachtung von Schimpansen verwandt, und ich glaubte langsam, dass der Zugang zu den eigenen höheren geistigen Fähigkeiten fast genauso wichtig sei wie die Intelligenz selbst. Ein Tier kann über ein gewisses Bewusstsein verfügen, aber, wie die Arbeiten von Sally Boysen und Marc Hauser andeuten, zu sehr auf das Geschehen fixiert sein, um eine komplexe Einschätzung der Welt, die es umgibt, vornehmen zu können. Aus sehr guten Gründen hat die Natur die Grenzen zwischen Wahrnehmung und Handlung sowohl bei Räubern wie auch bei Beutetieren aller Arten verwischt. Die Fähigkeit, zurückzutreten und sich eine Meinung zu bilden, bevor man handelt, bedeutet ein erhöhtes Risiko. Je sozialer ein Tier ist, umso mehr kann es sich auf die Augen und Ohren anderer in seiner Gruppe verlassen und umso geringer ist das Risiko, wenn es vorübergehend den ständigen Strom von Informationen ignoriert, den ihm seine eigenen Sinne liefern.

Zumindest impliziert die Entwicklungsgeschichte des Menschen und einiger anderer hoch sozialer Tiere, denen die Natur die Fähigkeit verliehen hat, Hypothesen in Gedanken zu prüfen, bevor man sie in der Wirklichkeit anwendet, eine solche Kosten-Nutzen-Analyse. Wie in der Diskussion über Sally Boysens Experiment in einem früheren Kapitel bemerkt, kann ein Mensch oder ein Tier nur dann den simplizistischen Drang überwinden, auf das zu zeigen, was man gerade haben will, wenn bestimmte Zentren in der Großhirnrinde hinreichend entwickelt sind; sonst bleibt ihm unbegreiflich, dass es auf die kleinere Menge von Leckerbissen zeigen muss, um die größere Portion zu bekommen.

Orang-Utans scheinen relativ gut dazu gerüstet zu sein, solche unmittelbaren Begierden zu bezähmen, obwohl es noch eine offene Frage ist, ob das bedeutet, dass sie Strukturen und Verbindungen in ihrem Gehirn haben, die sich bei anderen Affen noch nicht finden. Die Behauptung, ein Tier habe Geduld, ist gleichbedeutend mit der Behauptung, ein Tier verfüge über die chemischen Signale und die neurologische Vernetzung, die Geduld möglich machen. Die Konzentrationsfähigkeit ist nicht nur eine Funktion des Temperaments – sonst wären uns die Kühe nämlich um einiges überlegen.

Trotzdem ist die Zeit im Sinne der Verfügbarkeit eines geistigen Arbeitsbereichs eine der Dimensionen, ohne die eine Manipulation der Welt in Gedanken nicht möglich ist. Das ist das Beeindruckende an den komplizierteren Fluchtversuchen von Jonathan und Fu Manchu. Zu jedem dieser Manöver gehörten eine Menge beweglicher Teile und potentielle Fehlschläge. Angefangen von der Suche nach Materialien, die sich vielleicht zu Werkzeugen umfunktionieren lassen, bis hin zur Geheimhaltung ihrer Absichten und Aktivitäten und der Wahl ihrer Möglichkeiten für eine Flucht, mussten die Orang-Utans noch eine Menge anderer Dinge im Kopf behalten. Mehr als so ziemlich alle anderen Aktivitäten gefangener Tiere wecken diese Fluchtversuche in mir den Wunsch zu erfahren, was sonst noch in ihren Köpfen vorgeht.

# Liebe! Mut! Barmherzigkeit!

## *Mitgefühl und Heldentum*

Nicht jedes Tier kann es mit den Orang-Utans aufnehmen, was planerische Fähigkeiten und Geschicklichkeit betrifft, und die Gorillas sind in puncto Humor vielen anderen weit voraus, aber alle möglichen Arten, seien sie groß oder klein, haben die Eigenschaften gezeigt, die wir bei Menschen am meisten schätzen: Loyalität, Liebe, Vertrauen und Heldentum. Es ist allerdings viel einfacher, bei einem machiavellistischen Täuschungsmanöver Bewusstsein nachzuweisen als in einem Akt der Liebe oder des Vertrauens.

Dennoch gehen Vertrauen und Bewusstsein bisweilen zusammen. Ich habe bereits einige Beispiele erwähnt. Als Bonnie, die Orang-Utan-Mutter im Nationalzoo, ihren Säugling Kiko zu den Gitterstäben hinüberbrachte, damit Rob Shumaker dem kranken kleinen Affen eine Injektion geben konnte, offenbarte sich darin nicht nur außerordentliches Vertrauen, da Orang-Utans Injektionen hassen, sondern auch die Erkenntnis, dass das Baby eine Fürsorge brauchte, die sie ihm selbst nicht geben konnte. Bonnie vertraute gleichfalls darauf, dass Rob diese Fürsorge liefern konnte. Um Kiko zu den Gitterstäben zu bringen, musste Bonnie einen der mächtigsten Triebe in der Natur überwinden, das Verlangen einer Mutter, ihr krankes Kind zu schützen.

Eine humorigere Version dieses Miteinanders von Vertrauen und Bewusstsein offenbarte sich in einem Ereignis im Woodland Park Zoo in Seattle. Helen Shewman berichtet von einem Fluchtversuch des Orang-Utans Tawan; die Pfleger mussten mit einem Beruhigungsgewehr auf ihn schießen. Tawan war jedoch ein kluger Bursche und hatte eine gewisse Erfahrung mit diesen Pfeilen. Irgendwann kam er dahinter, wie er das Beruhigungsmittel aus dem Pfeil beziehungsweise der Spritze herausbekommen konnte. Es gelang den Pflegern zwar, Tawan in seinen Käfig zurückzulocken, aber da er keinen Augenblick lang das Bewusstsein verlor, konnten sie ihm die Spritze nicht aus der Schulter ziehen.

Eine ganze Weile lief er dann mit der Nadel im Körper herum, und es gefiel ihm gar nicht. Er versuchte, sie selbst herauszuziehen, aber es tat offensichtlich weh, daher kam er schließlich zu den Gitterstäben und stellte sich so hin, dass Helen versuchen konnte, ihm die Nadel aus der Schulter zu ziehen. Sie steckte jedoch zu fest in seinem Fleisch, als dass Helen sie hätte herausbekommen können, daher ging sie weg, um sich ein Werkzeug zu holen. Als sie zurückkam, zeigte sie Tawan eine Kneifzange und erklärte ihm, dass sie diese benutzen müsse, um die Spritze herauszuziehen. Während sie sprach, griff sie die Haut auf ihrem eigenen Arm mit der Zange und zeigte Tawan, auf welche Weise sie das Werkzeug einzusetzen gedachte.

Zuerst wollte Tawan nichts wissen von diesem Ding, das wie ein Folterinstrument aussah, aber nachdem er eine Weile in seinem Käfig auf und ab gelaufen war, schien er zu einer Entscheidung gekommen zu sein. Er trat wieder an die Gitterstäbe und drückte die Schulter so dagegen, dass Helen an den Pfeil herankonnte. Dann wandte er wie ein Kind, das vor einer Injektion Angst hat, den Kopf ab und hielt sich mit dem anderen Arm die Augen zu, während Helen den Pfeil herauszog. Ich bin davon überzeugt, dass Tawan Helens Hilfe zu schätzen wusste, aber ich bin genauso überzeugt davon, dass er wieder versuchen wird wegzulaufen.

Harriet, die in der Einleitung bereits erwähnte Leopardin, schien gleichermaßen Vertrauen und Bewusstsein zu Eigen zu sein. Sie kam zu dem Urteil, dass Billy Singh, der indische Naturschützer, der sie großgezogen hatte, sie sicherer über einen brodelnden Fluss bringen konnte als sie selbst. Wie jeder, der den Naturfilm mit diesen Szenen gesehen hat, beeindruckte mich der praktische Aspekt ihrer mütterlichen Instinkte – sie brachte ihre Jungen in die sehr hoch gelegene Küche Singhs und verließ sich dann darauf, dass er sie wieder über den Fluss schaffen würde. Aber diese Geschichte hat noch andere bemerkenswerte Aspekte. Harriet erkannte, dass das Wasser zurückging und dass sie ihre Jungen gefahrlos wieder auf die andere Seite des Flusses bringen konnte. Das lässt nun darauf schließen, dass sie ein Gefühl dafür hatte, dass das Wasser, wenn es auf Singhs Seite des Flusses zurückging, auch in ihrem Bau zurückgehen musste. Vielleicht besaß sie eine Art geistiger Landkarte von der Region. Auf alle Fälle scheint sie ein Gefühl für die relative Höhe verschiedener Orte in ihrer Reichweite gehabt zu haben.

Gefangenschaft (und Domestizierung) können die Regeln ändern, was die Frage betrifft, wer Freund und wer Feind ist. Der Wolf und die Ziege, die sich im Zoo von San Diego angefreundet haben, sind ein gutes Beispiel für die merkwürdigen Beziehungen, die sich entwickeln können. Maureen Frederickson von der Delta Society besitzt eine Amazone, die mit einer Katze Freundschaft schloss. Beide teilten eine Vorliebe für Käse, und der Papagei ließ den Käse in seinem Essen für die Katze übrig.

Auf ihrer Ranch konnte Maureen eins der merkwürdigsten Bündnisse beobachten, das man sich nur vorstellen kann. Als sie eines Tages hinausging, sah sie, dass ein wilder Truthahn auf dem Rücken ihres Pferdes Murphy stand. Da sie das für einen Zufall hielt, dachte sie nicht weiter über den Zwischenfall nach. Aber die Besuche des Truthahns setzten sich fort, und eines Tages sah sie, wie der Truthahn herbeikam und das Pferd den Kopf senkte, damit der Truthahn aufsteigen konnte. So ging das ungefähr ein Jahr lang. Vielleicht dachte das Pferd, ein nicht gerade von Erfolg verwöhntes Rennpferd: «Wenn ich schon geritten werden muss, ist ein Truthahn bestimmt viel leichter als ein Mensch.»

Diese seltsamen Freundschaften verlangen keine Intelligenz, aber sie künden von einer gewissen Flexibilität. Wenn wir bereitwillig akzeptieren, dass Tiere freundschaftliche Beziehungen zu Menschen eingehen können, die im Laufe der Geschichte die meisten als Gefährten gehaltenen Geschöpfe auf dem Speisezettel hatten oder immer noch haben, dann sollte es nicht allzu seltsam anmuten, dass Tiere sich auch mit anderen merkwürdigen Zeitgenossen anfreunden. Die Wissenschaftler sind unterschiedlicher Meinung, bis zu welchem Maße artenübergreifende Beziehungen von Bewusstsein begleitet werden – staunt die kretische Ziege im Zoo von San Diego vielleicht selbst darüber, dass sie sich mit einem Tier angefreundet hat, das sie normalerweise fressen würde? Andererseits besteht kein Zweifel an den Risiken, die Tiere eingehen, um Lebewesen zu schützen, die sie als ihre Familienangehörigen ansehen.

Tiere sind sogar bereit, große Risiken einzugehen, um andere zu schützen, die sie nicht besonders mögen, sofern es sich um Mitglieder ihrer Großfamilie handelt. In den siebziger Jahren hatte meine damalige Schwiegermutter zwei Zwergpudel, in die sie absolut vernarrt war. Ihr hektisches Wesen und ihr schrilles Gebell trieben selbst Tierliebhaber und umso mehr meine Katze Zephyr an den Rand des Wahnsinns. Da alle Tiere in dieser Geschichte schon lange verblichen sind, kann ich über die Einzelheiten schreiben, ohne die Gefühle von Menschen oder Vierbeinern zu verletzen, und ich kann sagen, dass Zephyr die Generationen kleiner Pudel, die er bei Besuchen kennen lernte, alle durch die Bank nicht ausstehen konnte. Die Gefühle beruhten auf Gegenseitigkeit, und einmal, nachdem Putzel, die Matriarchin des Pudelclans, Junge bekommen hatte, stellte Anne Gill ein Schild vor die Tür des Raums, der als Kinderstube diente, und die darauf vermerkte Botschaft lautete: WELPEN AUF DER ANDEREN SEITE, BITTE NICHT STÖREN! ZEPHYR, DAMIT BIST DU GEMEINT!

Etwas früher im selben Jahr war Putzel läufig gewesen, und alle möglichen Hunde aus der Nachbarschaft hatten den Hof des Hauses in Bronxville in der Hoffnung beschnuppert, einmal zum Zuge zu kommen. An einem denkwürdigen Tag hatte ein großer schwarzer Labrador die winzige, zu Tode erschreckte und elend wimmernde Putzel in die Enge getrieben. Ich ging hinaus, um nachzusehen, was den Tumult ausgelöst hatte. Und wer kam da herangaloppiert, um den Labrador mit einer wilden Attacke in die Flucht zu schlagen? Es war kein Geringerer als Zephyr. Möglicherweise hat Zephyr, ein Kater, nur sein Territorium verteidigt, und ich muss zugeben, dass er auch nicht auf dem Schauplatz verweilte, um die unglückliche Pudeldame zu trösten. Trotzdem bilde ich mir gern ein, dass der Zwischenfall ein klein wenig katzenhafte Galanterie offenbart hat.

Der Ausdruck «Heldenmut» hat in seiner Anwendung auf Menschen eine gewisse Herabwürdigung erfahren. Politiker wie Medien benutzen den Begriff fast austauschbar als Etikett, wenn sie in Wirklichkeit meinen, jemand sei ein «Opfer» geworden. Einmal abgesehen davon, dass sie in diesem arg zu Übertreibung neigenden Zeitalter überstrapaziert werden, bedeuten heldenhafte Akte körperlicher Tapferkeit, dass ein Individuum Furcht und eventuelle Risiken für sein eigenes Leben um des Prinzips oder um anderer willen überwindet. Abgesehen von Fällen, bei denen es um die Verteidigung eines Prinzips geht, würde ich sagen, dass selbstlose Akte körperlichen Muts aus einer uralten Reaktion erwachsen, die älter ist als die meisten Spezies und die wir mit vielen anderen Arten teilen. Daher ist es nur natürlich, anzunehmen, dass auch andere Geschöpfe heroischer Taten fähig sind, dass also auch Tiere, die sich um eines anderen Lebewesens willen in Gefahr bringen, die gleichen Flucht- und Panikinstinkte überwinden müssen wie wir.

Die meisten Menschen erkennen das, und praktisch jeder amerikanische Staat kennt Belohnungen für heldenhafte Taten von Tieren. Der Futtermittelhersteller Ken-L Ration hat seine Dog Hero Awards, Preise für heldenhafte Hunde, und die prämierten Taten sprechen für sich. Vor einigen Jahren war der Gewinner ein Hund namens Bo. Zusammen mit einem anderen Hund hatte er seine Besitzer auf einer Wildwasserfahrt den Colorado River hinunter begleitet. An einer besonders turbulenten Stelle kenterte das Floß; der Ehemann und der andere Hund wurden ins Wasser geschleudert, aber Bo und die Ehefrau saßen unter dem gekenterten Floß fest. Bo tauchte schnell wieder auf, verschwand dann jedoch abermals, packte die Frau an ihrer Weste und zog sie unter dem Floß hervor.

Es gibt zahllose ähnliche Geschichten – von einem Rottweiler, der eine verletzte Frau aus einem brennenden Wagen rettete; von

Elizabeth, der Katze, die herbeigelaufen kam, um ihre Besitzerin, eine Tierärztin, vor widerspenstigen Tieren zu retten, die sie behandelte; von Shade, der Katze, die die bettlägerige Nell Mitchell vor einem Überfall rettete. In Büchern wie *Real Animal Heroes* («Wahre Tierhelden»), bei Auszeichnungen für heldenhafte Haustiere und in regelmäßigen, herzerwärmenden Berichten in der Zeitschrift *People* werden diese mutigen Taten hinreichend beschrieben, und ich will mich an dieser Stelle nicht weiter damit aufhalten – ich möchte hier nur die Geschichte von einem besonders tapferen Schwein noch einmal aufgreifen.

1984 gewann Priscilla den Stillman Award der American Humane Society und wurde zum ersten Mitglied der Texas Animal Hall of Fame gekürt, und zwar für ihre Bemühungen, ein kleines Kind vor dem Ertrinken zu bewahren. An einem Sommertag war Priscilla zusammen mit ihrer Besitzerin, Victoria Herberta, in einem Park am Lake Summerville nördlich von Houston gewesen. Das Schwein, das sehr gern schwamm, paddelte fröhlich mit Victorias Freundin Carol Burk und deren geistig behindertem Sohn im See herum. Das drei Monate alte Schwein steuerte gerade wieder das Ufer an, als der elfjährige Junge weiter draußen auf dem See in Schwierigkeiten geriet. Priscilla war dem Kind am nächsten, und die Mutter schrie Anthony zu, er solle das Geschirr ergreifen, das das Schwein stets trug. Der Junge packte das Geschirr des Schweins, und das fünfundvierzig Pfund schwere Tier zog den fünfundachtzig Pfund schweren Jungen fünfzig Meter weit Richtung Ufer, bis das Kind wieder Boden unter den Füßen hatte.

Eine der anrührendsten und berühmtesten Geschichten über tierisches Heldentum betrifft eine streunende Katze in New York, die all ihre fünf Jungen aus einem brennenden Gebäude rettete und sich dabei schreckliche Brandwunden zuzog. Der Zwischenfall wurde durch Dave Gianelli bekannt, einen Feuerwehrmann, der Tiere liebte und der die Kätzchen inmitten des Infernos in einem leer stehenden Autohaus miauen hörte. Er wusste, dass jemand die Kätzchen rettete, weil ihre Anzahl auf dem Gehweg immer weiter wuchs, bis schließlich fünf kleine Tiere dort versammelt waren. Dann erst fand der Feuerwehrmann die Mutter, die zitternd und böse verbrannt nicht weit entfernt saß.

Gianelli brachte die Katzenfamilie zur North Shore Animal League auf Long Island. Die Tierärzte dort staunten, dass das streunende Katzenweibchen ihre Bemühungen über sich ergehen ließ. Die Katze schien zu wissen, dass die Menschen ihr helfen wollten. Die Geschichte fand sowohl in den Medien als auch bei der Öffentlichkeit starke Resonanz. Das Tierheim bekam täglich Anrufe von Journalisten, selbst aus so weit entfernten Orten wie Paris und London, und es gingen Tausende von Hilfsangeboten von Menschen ein, die die Katze und ihre Jungen adoptieren wollten. Scarlett, wie man die streunende Katze taufte, wurde lange genug mit ihren Kleinen zusammengebracht, um zu wissen, dass sie ihnen mit ihrem Heldenmut das Leben gerettet hatte, dann kamen die Tiere zu ihren Adoptivfamilien. Scarlett lebt jetzt in Brooklyn und wird noch immer regelmäßig von dem Feuerwehrmann besucht, der sie gerettet hat.

Wenn ein Tier sich mit einem Menschen verbündet, ist es nicht unvernünftig, anzunehmen, dass es zumindest einige der Gefühle teilt, die menschliche Wesen bei solchen Verbindungen empfinden. Ein treuer Hund mag ja in den Augen eines behavioristischen Wissenschaftlers lediglich Bindungen, die er mit einem Rudel assoziiert, auf Menschen übertragen, aber der Hund ist kein Aufziehspielzeug, und es ist durchaus wahrscheinlich, dass diese Bindungen von Gefühlen getragen werden.

Die Trauer zum Beispiel hat eine Sprache, die artenübergreifend ohne weiteres verstanden wird; das liegt vielleicht daran, dass der Tod für das Leben etwas so Grundlegendes ist und dass der Tod eines Gruppenmitglieds für soziale Tiere einen so großen Einschnitt darstellt. Maureen Frederickson erzählt von einem Hund, der als Teil eines Programms zur Seniorenanimation in Pflegeheimen eine alte Frau bis zu dem Tag ihres Todes besuchte. Weil die Frau den Hund so sehr gemocht hatte, lud ihre hinterbliebene Familie den Hund mitsamt dessen Menschenfamilie zu der Beerdigung und Trauerfeier ein. Man führte den Hund zum Sarg und brachte ihn dann hinaus. Das Tier trat zurück und heulte viermal.

Dann ging es weg. Wer könnte sich ein eloquenteres Requiem wünschen?

Es steht außer Frage, dass alle möglichen Tiere mit Hilfe ihres Geruchssinns und Sehvermögens feststellen können, wann ein Leben befähigender Herzschlag abbricht. Möglich ist auch, dass die Tiere spüren, dass jemand kurz vor seinem Tod steht. In einem Altersheim in Oswego, New York, lebt eine Katze namens Smoky als eins der Haustiere, die die Einrichtung durchstreifen und Trost spenden. Wie in dem Dokumentarfilm *Extraordinary Cats* («Herausragende Katzen») (in der PBS-Reihe *Nature*) berichtet, scheint Smoky zu spüren, wenn die Patienten nur noch einige Stunden vom Tod entfernt sind, denn er begibt sich dann zu ihnen und legt sich neben sie.

Ebenso wenig wird bezweifelt, dass alle möglichen Tiere vom Tod eines ihrer Nachkommen oder eines Mitglieds ihrer Gruppe betroffen sind. Bei Elefantengemeinschaften nimmt die Trauer fast rituelle Formen an, da verschiedene Mitglieder eines matriarchalischen Clans eine Mutter trösten, die ein Kind verloren hat, oder – im Falle eines verstorbenen Erwachsenen – diejenigen Elefanten, die diesem am nächsten standen. Noch Jahre nach dem Tod eines Tieres inspizieren Elefanten dessen Knochen. Vielleicht bleibt irgendein winziges chemisches Signal in den Knochen des Toten zurück, das Elefantenerinnerungen in jenen Tieren weckt, die die ausgebleichten Überreste aufsuchen.

Die Frage ist, welche Form die Trauer annimmt, und nicht, ob sie existiert. Es würde mich keineswegs überraschen, wenn Elefanten, die ja in höchst komplexen und großen sozialen Gruppen leben, über einen gewissen Grad von Bewusstsein verfügten, der es ihnen gestattet, sich einen Begriff von der Endgültigkeit des Todes zu machen und über die Bedeutung der Sterblichkeit nachzusinnen. Vielleicht verfügen Schwertwale über die gleiche Fähigkeit.

Die in der Einleitung erwähnte Geschichte, bei der der Schwertwal Orky mit dem Kopf gegen die Wand schlug, unmittelbar bevor seine Partnerin Corky eine Fehlgeburt erlitt, lässt nicht nur Schlüsse auf das Ausmaß der Trauer eines Schwertwals zu; dieses Beispiel wirft auch die Vermutung auf, dass der Meeressäuger begriffen hatte, dass Corky sein Kind austrug. Was mag zu diesem Zeitpunkt in Orky vorgegangen sein? Gail glaubt, dass Orky die Schwangerschaft überwacht hatte, und zwar unter Einsatz seiner Fähigkeit, sich mit Hilfe von Schallortung ein Bild zu machen. Vor dieser Schwangerschaft hatte Corky bereits mehrere Junge verloren. Hier ist vielleicht eine gewisse Vermenschlichung der Tiere angebracht, und man darf wohl vermuten, dass Orkys Trauer durch seine extreme Frustration noch verschärft wurde.

Die Tatsache, dass Orky und Corky sich überhaupt paarten, lässt darauf schließen, dass die Gefangenschaft für sie erträglich genug war, um dem größten Imperativ des Lebens Folge zu leisten. Gail zufolge legte Orkys ganzes Verhalten die Vermutung nahe, dass er sich verzweifelt ein Kind wünschte, bis hin zu der Tatsache, dass er sich während Corkys Schwangerschaft von seiner Gefährtin herumkommandieren ließ. Wie in einem früheren Kapitel beschrieben, kooperierte er sogar mit Menschen, als ein anderes ihrer Jungen krank war; er bot seinen Körper als Plattform an, von der aus ein Arbeiter eine Schlinge zurechtrücken konnte, an der der kleine Schwertwal zur Behandlung aus dem Becken gehoben worden war. Es ist leicht verständlich, dass Corky – wie jede andere Mutter – die Fehlgeburt mit Kummer erfüllte, aber Orkys Schmerz deutet auf eine Mischung aus Qual, Bewusstsein und verwehrtem Glück hin, die jedes menschliche Wesen nur mit Mitgefühl betrachten kann.

Die Trauer ist wahrscheinlich das universellste Phänomen bei allen fühlenden Geschöpfen. Mitgefühl ist dagegen etwas anderes. Im Gegensatz zur Trauer erfordert das von einem Geschöpf die Fähigkeit zu begreifen, was ein anderes Geschöpf empfindet – und neben dem Begreifen erfordert es Anteilnahme. Was den ersten Punkt betrifft, gibt es reichlich Beweise dafür, dass viele Tiere die Fähigkeit besitzen, Stimmungen und Gefühle anderer aufzugreifen. Diese Fähigkeit hat bisweilen etwas geradezu Übersinnliches.

Tatsächlich basiert ein Großteil der Arbeit der Delta Society, die den Einsatz von Tieren «als Heiler, Verbündete und Freunde» fördert, auf der ungewöhnlichen Sensibilität tierischer Sinneswahrnehmung. Hunde, deren wilde Vorfahren sich ganz genau im Klaren über die Stimmung anderer Mitglieder ihrer Gruppen sein mussten, werden in der Therapie misshandelter Kinder eingesetzt. Sehr häufig fühlen sie sich zu dem Kind hingezogen, dessen Leid am größten ist.

Maureen Frederickson erzählt auch von Hunden, die spüren können, wenn Diabetiker kurz vor einer Krise stehen. Einmal hat eine Hündin immer wieder eine Frau umgeworfen (so wie man es sie gelehrt hatte), um sie daran zu hindern, ihr Haus zu verlassen. Nicht lange danach erlitt die Frau eine Krise. Irgendwie scheinen Hunde in der Lage zu sein, niedrigen Blutzucker zu riechen.

Überdies scheinen Hunde körperliche Schwäche wahrnehmen zu können, die sich dem menschlichen Auge nicht offenbart. Es gibt Berichte, dass die Tiere einen Tumor lokalisieren können. Ein Hund namens Joey wurde einer Frau zur Seite gestellt, die an Multipler Sklerose litt, einer degenerativen Krankheit des Nervensystems. An bestimmten Tagen war der Zustand der Frau instabiler als an anderen. Der Hund konnte nicht nur spüren, wann die Frau Hilfe brauchte, sondern er bezog dann auch Stellung an der linken Seite der Frau, an ihrer schwächeren Seite, und wenn sie gingen, stützte er ihr Bein ab, so dass das Knie der Frau nicht unter ihr nachgab. Das war kein Bestandteil der ursprünglichen Ausbildung des Hundes gewesen.

Auch Papageien verfügen über eine Fähigkeit, körperliche Veränderungen in ihrer Umgebung wahrzunehmen, die an das Unheimliche grenzt. Eine Klientin von Sally Blanchard in San Francisco hatte einen Papagei, der, wenige Minuten bevor der Vater das Haus betrat, zu sagen pflegte: «Dad ist zu Hause.» Die Besitzer des Papageien standen vor einem Rätsel und fragten sich, woher der Vogel das wusste, und sie stellten Nachforschungen an. Wenn der Papagei sagte: «Dad ist zu Hause», rief die Frau ihren Mann per Autotelefon an, um festzustellen, wo er war. Es stellte sich heraus, dass der Ehemann sich ein paar Häuserblocks entfernt befand, und das Paar zog die Schlussfolgerung, dass der Papagei irgendwie das Geräusch ihres Wagens erkannte, wenn der Mann den Gang an dieser Stelle herunterschaltete, um einen Hügel hinaufzufahren.

Blanchard sagt, dass Papageien und eine Reihe anderer Vögel an Fußgelenken, Knien und Hüftgelenken so genannte Herbstsche Körperchen besitzen, die als sehr empfindliche Druck- und somit Schwingungsrezeptoren zu dienen scheinen – eine sehr nützliche Überlebenshilfe, wenn man ein Pfund schwer ist und auf einem Baum inmitten einer Schar von räuberischen Säugetieren und Reptilien sitzt, die einen mit Freuden verspeisen würden. Blanchard und andere fragen sich, ob eben diese Zellen das Frühwarnsystem darstellen, das es den Tieren ermöglicht, Erdbeben «vorherzusehen». Blanchard berichtet, dass ihre Vögel etwa fünfzehn Minuten vor dem großen Erdbeben von San Francisco 1989 zu schreien begonnen hätten, und nach dem Erdbeben bekam sie eine Flut von Anrufen von anderen Papageienbesitzern, die erzählten, dass ihre Vögel kurz vor dem Beben verrückt gespielt hätten. (Auch andere Tiere scheinen Erdbeben zu spüren. Die Zahl der Tiere, die in den Tagen vor dem Beben am 13. Oktober vermisst gemeldet wurden, war doppelt so hoch wie gewöhnlich, was den Schluss nahelegt, dass die Vierbeiner sich davongemacht hatten, um sich in Sicherheit zu bringen.)

Layne Dicker erzählt, dass seine dreißig Jahre alte Amazone Chicken ihn sehr genau im Auge behält, wenn er eine Pizza isst. Genau dann, wenn er darüber nachzudenken beginnt, ob er Chicken nicht ein Stück abgeben sollte, aber bevor er das Stück abgebrochen hat, sagt der Papagei jedes Mal: *«Oh boy!»* Dicker führt das nicht auf Gedankenleserei zurück, sondern auf die extrem gut ausgeprägte Beobachtungsgabe eines Beutetiers.

Es ist eine Sache, Stimmungen und Gefühle wahrzunehmen; Mitgefühl für andere ist etwas ganz anderes. Ob sie nun Mitgefühl haben oder nicht, zumindest Papageien können die menschliche Sprache der Anteilnahme auf korrekte Weise anwenden. Sally Blanchard erzählt von einer ihrer Klientinnen, die erfahren hatte, dass sie an einer schlimmen Krankheit litt. Als die Frau ins Wohnzimmer kam, fragte Sallys Papagei: «Bist du okay? Geht's dir gut?»

Diesen Satz hatte die Frau immer wieder zu dem Papagei gesagt, aber das war das erste Mal, dass der Papagei die Wörter bei ihr benutzte. Sally selbst hatte einmal schlimme Kopfschmerzen und sagte zu ihrem Papagei Paco: «Ich habe Kopfschmerzen, deshalb musst du ruhig sein.» Paco erwiderte nur: «Okay.»

Es ist ein wenig beunruhigend zu hören, wie Papageien die Sprache der Anteilnahme untereinander anwenden. Als ich das erste Mal in Sallys Haus kam, schlug mir ein Chor schwacher Stimmen entgegen. Aus dem Nebenzimmer hörte ich einen Vogel sagen: «Hi, Sawie» (Papageien haben große Schwierigkeiten mit den Buchstaben l und r). In dem Raum befanden sich Paco und Rascal, die auf Englisch ein angeregtes Gespräch miteinander führten. Zu den Sätzen, die sie benutzen gehören: «Oh, du bist so hübsch», und «Ich liebe dich». Da Papageien so sehr empfänglich für Gefühlsregungen sind, ist es durchaus möglich, dass die Vögel die gefühlsmäßigen Bedeutungen dieser Aussagen irgendwie erfassten, obwohl sie die genaue Bedeutung der Wörter vielleicht nicht kannten.

Für Maureen Frederickson besteht kein Zweifel daran, dass Tiere ebenso fähig sind, an unseren Gefühlen Anteil zu nehmen, wie sie Schmerz zu spüren vermögen. Sie erhält, so berichtet sie, jeden Tag Beweise dafür, dass Tiere Zuneigung und Besorgnis für die Menschen empfinden, denen sie helfen sollen. Sie führt zahlreiche Beispiele von Hunden, Katzen, Schweinen und Pferden an, die weit über ihr ursprüngliches Training hinausgingen, um sich verletzten Seelen und Körpern zu widmen. In vielen Fällen gelten die Anstrengungen der Tiere Menschen, die sie kaum kennen.

Der Skeptiker würde nun einwenden, dass die zu Therapiezwecken verwendeten Tiere mit Hilfe von Verstärkung und Belohnungen für ihre Rollen ausgebildet wurden. Aber wer jemals ein Auto angemeldet oder mit einer Bürokratie à la Sowjetunion zu tun hatte, weiß, dass ein himmelweiter Unterschied besteht zwischen rein routinemäßiger Ausführung einer Arbeit und einer Kooperation, die durch emotionale Beteiligung auf Seiten des Helfers motiviert ist. Die Geschichten von Hunden, Katzen, Schweinen und Pferden, die verletzten und gebrechlichen Menschen das Leben erleichtern, sind deshalb so interessant und so rührend, weil sie die Anlage zu Großzügigkeit und Mitleid bei Tieren vermuten lassen. Das mag kein gar so atemberaubender Beweis für höhere geistige Fähigkeiten sein, aber es ist sicher genauso aufschlussreich. Außerdem legen diese Geschichten (ohne Beweise zu liefern) die Vermutung nahe, dass die Tiere sich bis zu einem gewissen Grad der Gemütsverfassung derer, die sie trösten, bewusst sind.

# Wie sehen sie uns?

## *Wo Menschen etwas Neues sind*

Dieses Buch handelt in weiten Teilen davon, auf welche Weise Tiere im Umgang mit Menschen ihre geistigen Fähigkeiten zeigen. Weil wir diesen Planeten beherrschen und weil unsere Oberherrschaft eine relativ moderne Erscheinung ist, sind die meisten Tiere von der Evolution nicht darauf vorbereitet, mit den Methoden fertig zu werden, mit denen wir uns in ihr Leben einmischen. In ihrem Umgang mit uns greifen die Tiere, insbesondere in Gefangenschaft, auf ihre Instinkte zurück und verfahren nach der Methode: Probieren geht über Studieren. Aber sie stützen sich auch auf höhere geistige Fähigkeiten, soweit vorhanden.

Ich habe mich auf Dinge konzentriert, die diese Fähigkeiten bei Tieren offenbaren, weil es weitaus einfacher ist, über die Bedeutung von Taten nachzudenken als über den Inhalt von tierischen Tagträumen, Solipsismen oder anderen privaten Ereignissen. Ein Großteil unseres eigenen geistigen Lebens wird nie in Taten umgesetzt und bleibt daher anderen Menschen unzugänglich, und so wird auch das Innenleben der Tiere weiter nur der Spekulation zugänglich sein, falls es nicht zu einem Durchbruch in der Aufzeichnung von Gedanken kommt.

Trotzdem würden wir manche Dinge, die das geistige Leben von Tieren betreffen, doch gern wissen. Eine der Fragen, die uns interessieren, ist ganz einfach: Was halten die Tiere von uns? Wie sehen *sie* die Menschen? Diese Frage wagt sich auf das Gebiet vor, das vielleicht das Privateste und Subjektivste von allen ist. Die meisten von uns verwenden einen Gutteil ihrer Zeit darauf, mit Erfolg ihre wahren Gefühle gegenüber anderen Menschen zu verbergen. Der Versuch, solchen Gefühlen artenübergreifend nachzuspüren, würde wohl von den meisten Wissenschaftlern als eine unüberwindliche Ansammlung von Fallgruben erachtet werden. Wir wollen es trotzdem einmal versuchen.

Es gibt verschiedene Möglichkeiten, dieser Frage nachzugehen. So kann man sich zum Beispiel damit beschäftigen, wie Tiere andere Tiere sehen – ob Tiere ein Gefühl dafür haben, wo sie selbst in einer Hierarchie angesiedelt sind und Ähnliches. Die schon früher erwähnten Arbeiten von Seyfarth und Cheney mit Pavianen lassen darauf schließen, dass die Antwort ein Ja ist, dass zumindest einige Tiere wissen, welchen Platz sie innerhalb ihrer Hierarchie einnehmen.

Wenn das für Paviane gilt, gilt es höchstwahrscheinlich auch für eine ganze Anzahl klügerer sozialer Tiere, einschließlich Schimpansen, Bonobos und Orang-Utans, ebenso wie für Delphine, Schwertwale, vielleicht auch Papageien und andere sehr soziale, sehr intelligente Tiere. Einige Feldforscher behaupten, die Art und Weise, wie sich ein Tier selbst wahrnimmt, sei geschlechtsabhängig. In *Stiller Donner* berichtet Katy Payne über ihre Studien der Kommunikation zwischen Elefanten. Sie schreibt, wenn sie sich darauf einließe, dass Elefanten über Selbstbewusstsein verfügen, würde sie dafürhalten, «dass Elefantenmännchen sich als Individuen betrachten, während die Weibchen sich eher als Mitglieder einer Gemeinschaft einstufen».

Wenn ein Tier bis zu einem gewissen Grad eine Hierarchie versteht und seine Position innerhalb dieser Hierarchie erkennen kann, dann sind die Chancen groß, dass dasselbe Tier in Gefangenschaft die menschliche Hierarchie um sich herum studieren wird und vielleicht auch in der Lage ist, sich selbst innerhalb dieser Hierarchie zu sehen. Denken Sie nur an Jonathan, der seine Vorbereitungen für seine Flucht vor den Pflegern im Zoo von Topeka verborgen hielt, nicht aber vor einer freiwilligen Helferin; vielleicht hat er also Rangunterschiede zwischen den Menschen gemacht, denen er regelmäßig begegnete. (Vielleicht hat er sie sogar im Hinblick auf ihre Möglichkeit, seine Pläne zu durchkreuzen, in verschiedene Kategorien eingestuft.)

Intelligente Tiere erkennen, dass ihre menschlichen Pfleger sie mit Nahrung versorgen und die Technologien kontrollieren, die ihr Leben beherrschen. Dasselbe tun bis zu einem gewissen Grad Katzen und Hunde. Jeder Tierbesitzer ist schon zum Futternapf geführt worden, wenn er sich mit dem Frühstück verspätet hat, und wenn meine Katzen nach draußen wollen, laufen sie zur Tür und drehen sich dann mit einem fragenden Blick zu mir um. Als die Leopardendame Harriet beschloss, ihre Jungen in ihre Höhle zurückzubringen, hat sie eindeutig auch begriffen, dass Billy Singh der Schlüssel zu einer sicheren Überfahrt über den über die Ufer getretenen Fluss war.

Auch wenn Tiere anerkennen, dass Menschen über besondere Kräfte verfügen, räumen sie nicht zwangsläufig allen Menschen Autorität und Respekt ein. Schimpansen fordern einen menschlichen Besucher bei jeder sich bietenden Gelegenheit heraus, und das Gleiche tun große Katzen und ungezählte andere Tiere. Wie weiter oben bemerkt, verlangte Orky, dass die Menschen ihn mit Respekt behandelten, aber gelegentlich wandten er und Corky sich an Menschen, wenn sie für ihre Jungen Hilfe brauchten. Tim Desmond hat einmal erlebt, wie die beiden Schwertwale von der Wasseroberfläche aus auf ihr Baby hinabblickten, das auf dem Abflussloch auf dem Boden des Beckens lag. Da ihr teilnahmsloser Sprössling ihre Besorgnis weckte, hoben sie beide den Kopf und sahen Tim und die anderen Trainer an, die sich am Beckenrand versammelt hatten. «Sie waren selbst wie Kinder», erzählt Tim, «die keine Ahnung von der Aufzucht eines Jungen hatten, und ihr Blick war eine klare Frage: ‹Was machen wir jetzt?›» Bevor die Pfleger tauchen konnten, bewegte sich das Baby und kam wieder an die Oberfläche.

Ein Tier kann durchaus auch eine enge Freundschaft zu einem Menschen entwickeln, die wie jede andere Freundschaft auf Gegenseitigkeit beruht. Wayne Williams, ein Tierpfleger im Woodland Park Zoo, teilte jeden Tag, den er im Zoo verbrachte, sein Mittagessen mit einem Nilpferd. Selbstverständlich hatten die Bröckchen, die der riesige Pflanzenfresser bekam, mehr symbolischen als nährenden Wert. Das Nilpferd schenkte Williams als Gegenleistung seine Zuneigung.

Manchmal kommen Tiere auf den Gedanken, dass ein bestimmtes menschliches Wesen einen guten Ehegatten abgeben würde. Eine ganze Reihe weiblicher Delphintrainer mussten schon mit verliebten Delphinmännchen fertig werden. Es scheint, als hätte die Natur dafür gesorgt, dass die Menschen für Delphine genauso reizvoll sind wie sie für uns. Überdies sieht es so aus, als würden zumindest Orang-Utans, Gorillas und Schimpansen uns ebenfalls als Primaten ansehen, da eine ganze Anzahl weiblicher wie männlicher Forscher schon verschiedenen Arten großer Affen behutsam einen Korb geben mussten. Penny Patterson brauchte zum Beispiel eine ganze Weile, um Koko davon zu überzeugen, dass Gorillamännchen viel mehr Sexappeal besäßen als männliche Menschen. Während Koko mir gegenüber zu nicht mehr als einem milden Flirt geneigt war, hatte ich es doch von Zeit zu Zeit mit in sexueller Hinsicht emanzipierteren weiblichen Menschenaffen zu tun.

In der Wildnis lernen alle möglichen Tiere, zwischen Menschen zu unterscheiden, die eine Bedrohung für sie darstellen, und solchen, die das nicht tun. Bedauerlicherweise ist überall auf der Welt die Zahl der Menschen mit bösen Absichten um ein Vielfaches größer als die der wohlmeinenden. Buchstäblich jede wilde Art, die über Beine oder Flügel verfügt, ergreift die Flucht, sobald sie Menschen wahrnimmt. Aber selbst Tiere, die gelernt haben, Menschen mit großer Wachsamkeit zu begegnen, können sich an Menschen gewöhnen wie zum Beispiel an Wildhüter, Forscher und Menschen in Parks oder Zoos. In einigen Teilen Afrikas haben Vervetmeerkatzen angeblich verschiedene Alarmrufe für Menschen mit und ohne Waffen.

Die Angst vor dem Menschen ist jedoch eine erlernte Verhaltensweise. Wenn eine Tiergesellschaft keine vorherige Erfahrung mit Menschen gemacht hat, ist der erste Instinkt dieser Geschöpfe bei einer Begegnung mit einem menschlichen Wesen interessanterweise nicht Flucht, sondern Neugier. Außerdem bleibt diese Neugier an den seltenen Orten, an denen Menschen ganz bewusst auf die Jagd auf Tiere verzichten, erhalten. In der Antarktis zum Beispiel haben die Menschen die Pinguine so weit in Ruhe gelassen, dass die Menschen für die Tiere eher eine Form der Unterhaltung sind als potentielle Jäger. Wenn man zwischen den Pinguinen in Cape Royde in der Nähe des McMurdo-Sunds umherspaziert, wird man ständig von wissbegierigen Pinguinen in Augenschein genommen.

An diesen seltenen Orten auf der Erde, wo Menschen noch immer etwas Neues sind, haben Besucher die Gelegenheit, am eigenen Leibe zu erfahren, was für ein Gefühl es ist, zum Gegenstand eingehender Studien gemacht zu werden. Mir wurde diese Erfahrung in einem entlegenen und unzugänglichen Teil des zentralafrikanischen Regenwaldes zuteil. Die Geschichte soll an dieser Stelle noch einmal erzählt werden, weil sie einen außerordentlich seltenen Blick auf eine Natur eröffnet, in der Menschen keine Rolle spielen. Was für dieses Buch jedoch noch wesentlicher ist: Besagtes Begebnis ermöglicht uns einen Blick darauf, wie die Intelligenz in mannigfaltiger Form die natürliche Ordnung durchdringt.

Der Ort, von dem ich spreche, wird als das Ndoki bezeichnet, ein Regenwald etwa von der Fläche Belgiens. Das Gebiet liegt östlich des Flusses Sangha, direkt an der Grenze, die die Zentralafrikanische Republik vom Kongo trennt. Mehr als tausend Jahre lang war dieser Wald auf drei Seiten durch riesige Sümpfe, unschiffbare Flüsse und Hügel im Norden geschützt. Der Name Ndoki bedeutet auf Lingala, der Sprache Französisch-Afrikas, «Zauberer», und das Gebiet ist überdies von Mythen und Legenden geschützt – während meiner fünfzehntägigen Expedition durch diese Wälder weigerten sich an einer bestimmten Stelle unsere als Träger und Pfadfinder angeheuerten Pygmäen weiterzugehen. Die Pygmäen jagen in buchstäblich jedem afrikanischen Wald, aber nicht hier, und sie erklärten uns, sie hätten Angst, Mokele Mbembe zu begegnen, einem dinosaurierähnlichen Geschöpf, das der Legende nach in diesen Wäldern lebt.

Es gibt noch eine Menge anderer Beweise dafür, dass das Ndoki über eine lange, lange Zeit hinweg unversehrt geblieben ist. Überall in Afrika ist *Funtumia elastica,* ein Gummibaum, von Hieben gezeichnet, das Ergebnis der Latex-Ernte der Pygmäen, aber nicht hier. Überall im äquatorialen Afrika liegen in den Flüssen Palmnüsse auf dem Grund, Beweise einer früheren menschlichen Besiedlung, aber nicht hier (zumindest nicht im Jahr 1992, aber dazu komme ich gleich noch). Und in ganz Afrika haben die verschiedenen Pygmäenstämme, die die wirklich waldbewohnenden Völker sind, Legenden und Lieder über ihre Umgebung, aber nicht hier. Vielleicht liefern uns den aufschlussreichsten Beweis für all dies die Tiere selbst. In ganz Afrika verschwinden Waldschweine, Affen und Menschenaffen beim ersten Zeichen menschlichen Eindringens – aber nicht hier.

Nur wenige Jahre nachdem ich das erste Mal vom Ndoki gehört hatte, beschloss ich, den Wald zu besuchen. Michael Fay, ein Botaniker bei der Wildlife Conservation Society von New York, erzählte mir von diesem seltsamen und wunderbaren Ort, als ich ihn Ende der achtziger Jahre in Brazzaville im Kongo kennen lernte. Im Juli 1990, auf der dreizehnten internationalen Primatenkonferenz in Nagoya in Japan, brachte Masazumi Mitani die Rede abermals auf diesen bemerkenswerten Ort, an dem die Tiere nicht vor Menschen weglaufen. Zusammen mit Suehisa Kuroda hatte Mitani 1987 am Rand des riesigen Gebietes ein Forschungslager errichtet. Obwohl alles so klang, als sei dieser Ort das reinste Eden, sagte Mitani auch, dass er «sehr, sehr schwierig» sei. Nachdem ich beobachtet hatte, welche Härten japanische Wissenschaftler in anderen Forschungsstationen in Zentralafrika klaglos in Kauf nahmen, musste ich mich fragen, was es in diesem Gebiet geben konnte, das einen Wissenschaftler so beeindrucken konnte, der selbst von anderen japanischen Feldbiologen als besonders harter Bursche beschrieben wurde. Ich sollte es herausfinden.

Ich bin keiner der Autoren, die Unannehmlichkeiten geradezu suchen, um dann eine gute Geschichte darüber schreiben zu können, aber es war nicht die Aura der Bedrohlichkeit, die das Ndoki umgab, die mich anfangs von einem Besuch abbrachte – vielmehr war es die Furcht, dass jegliche Publicity der Region eben jene menschliche Verseuchung bringen könnte, die sie seit mindestens tausend Jahren erfolgreich vermieden hatte. Aber 1991 erzählte Fay mir, dass die Regierung des Kongo Konzessionen zum Holzeinschlag für buchstäblich jedes Fleckchen Wald um das Ndoki herum vergeben hätte und dass die Holzunternehmer auch die Bäume dort bereits ins Auge gefasst hätten. Jetzt wurde es wichtig, die Außenwelt wissen zu lassen, dass da etwas Kostbares in Gefahr war. Daher machte ich mich im Juni 1992 mit Fay auf den Weg; Karen Lotz, eine Fotografin (die jetzt auch die Lektorin dieses Buches ist), begleitete mich, ebenso sieben Träger und Späher, und gemeinsam zogen wir von Bomassa, einem Pygmäendorf am Ufer des Sangha, nach Osten in Richtung des gewaltigen, unbekannten Ndoki.

Ich sollte sehr schnell herausfinden, dass die Reise nicht einfach werden würde. Der Fünfundzwanzig-Kilometer-Marsch von Bomassa bis zur Furt am Fluss Ndoki dauerte 1992 ein oder zwei Tage, je nachdem, wie viel die Träger zu trinken hatten (in ganz Zentralafrika neigen die Männer der Pygmäen dazu, ihren Lohn zu vertrinken, und so herablassend das klingt, Mike Fay sagt, dies trage zur Erhaltung der Pygmäenkultur bei, weil die Männer nach einer Sauftour in den Wald zurückkehren müssten, um wieder Geld zu verdienen). Wir machten den Fehler, unseren Trägern vorauszueilen, und die verkaterte Mannschaft hinkte hinterher, so dass wir in dem verlassenen Lager von Kuroda, dem japanischen Wissenschaftler, Halt machen mussten. Das Lager befand sich am Fluss Djeke, gut fünfzehn Kilometer außerhalb von Bomassa. Aus bitterer Erfahrung wusste Fay, dass wir die Träger nicht allzu hart fordern durften, weil sie uns sonst einfach mitten im Wald im Stich lassen würden.

Am ersten Tag war der Marsch nicht allzu beschwerlich gewesen, daher stellte ich mir beim Einschlafen die Frage, ob die dramatischen Berichte, die ich von den japanischen Forschern gehört hatte, die Härten nicht vielleicht übertrieben hätten. Ein paar Minuten später erwachte ich, weil ich ein Insekt auf meinem Finger spürte. Ich schüttelte es ab, aber ein anderes Insekt nahm sofort seine Stelle ein, und dann schien es plötzlich, als würden mich Tausende von

Käfern gleichzeitig beißen. Nur Sekunden später hörte ich die anderen Mitglieder unserer Truppe aufschreien, da sie ebenfalls angegriffen wurden. Blind über Wurzeln und eine gewaltige Marschkolonne von Ameisen stolpernd rannten wir einen Fußweg hinunter und sprangen in den Fluss. Wir hatten etliche Ameisen zerquetscht und damit anscheinend ein chemisches Alarmsignal ausgelöst: Als wir wieder aus dem Fluss kamen, stürzten sich aus allen Richtungen Ameisen auf uns.

Es widerstrebte mir, Fay in einem so frühen Stadium der Reise auf die Nerven zu fallen, daher wehrte ich mich mit Händen und Füßen gegen die Tiere, bis meine Verzweiflung meinen Stolz besiegte und ich den Wissenschaftler weckte, der etwa fünfzehn Meter vom Marschweg der Ameisen entfernt friedlich schlief. Fay jedoch schien nur einen begrenzten Vorrat an Mitleid und Rat für mich zu haben. Mit einem Blick auf die Insekten, die noch immer meine Beine bedeckten, sagte er nur schläfrig: «Die Treiberameisen können wirklich ein Problem sein; sie sind in der Lage, eine angepflockte Ziege zu töten.» Mit diesen verheißungsvollen Worten schlief er wieder ein.

Mir selbst überlassen, hängte ich abseits der Ameisenkolonne eine Hängematte auf. In meiner Geistesabwesenheit rammte ich mir einen Dorn tief in den Daumen hinein, und das Blut quoll nur so aus der Wunde. Dann fing es an zu regnen, und gegen halb drei Uhr morgens hörte ich einen Leoparden husten. Alles hat seine Grenzen; ich beschloss, in meinem Zelt nachzusehen. Die Ameisen waren verschwunden, und ich konnte noch ein paar Stunden Schlaf bekommen, bevor es Morgen wurde. Es war ein ziemlich harter Einstieg, aber erst zu einem sehr viel späteren Zeitpunkt der Reise begriff ich, was Mitani mit «sehr, sehr schwierig» wirklich gemeint haben könnte.

Am nächsten Tag kamen wir zu den Sümpfen, die lange Zeit Neugierige vom Ndoki ferngehalten hatten. Wir bahnten uns einen Weg durch den treibsandähnlichen Schlamm, indem wir mit den Zehen und mit Gehstöcken nach einer Reihe dünner Baumstämme fahndeten, die japanische Forscher zuvor über den Fluss gelegt hatten, um einen Fußweg zu schaffen. Einmal rutschte ich aus und versank bis zur Brust im Schlamm, bevor ich mich an einer Wurzel festhalten und meinen Sturz bremsen konnte.

Die Sümpfe wichen später dem Fluss Ndoki, der die eigentliche Schranke dieser Region darstellt. Unschiffbar und gewunden, ist er an manchen Stellen über drei Meter tief und erreicht in einem unüberschaubaren Gewirr von Nebenarmen und Sümpfen eine Breite von etlichen Kilometern. Wir benutzten einen Einbaum, der als Versorgungsboot für die japanische Station diente. Mit Hilfe von Staken überquerten wir nacheinander den Fluss und nutzten das absolut reine Wasser, um unsere ausgedörrten Kehlen zu befeuchten. Auf unserem Weg durch das Flussgras kamen wir an Sträußen duftender Pollen vorbei, die in der sonnigen Luft auf dem Fluss trieben. Auf einer Reise, die durch jede erdenkliche Unannehmlichkeit gekennzeichnet war, stellte diese Überfahrt einen Augenblick reiner Wonne dar.

Hätten wir jedoch keinen Einbaum zur Verfügung gehabt, wäre die Überquerung des Flusses die absolute Hölle gewesen, und das scheint mir einer der praktischen Gründe zu sein, warum die Pygmäen sich nie in diese Wälder gewagt haben. Selbst an den seichtesten Stellen kann eine Überquerung des Flusses zu Fuß acht Stunden dauern, und einen Großteil des Jahres kommt man überhaupt nicht hinüber. Da die Pygmäenjäger in zugänglicheren Wäldern reichlich Wild finden, so sagt Fay, haben sie es nicht nötig, das Risiko einer solchen Flussüberquerung auf sich zu nehmen.

Endlich hatten wir am Ostufer des Flusses wieder festen Boden unter den Füßen, und ein Gefühl der Erregung packte mich. Im Wesentlichen war dies eine Reise zurück in die Vergangenheit. Als wir die kühlen, feuchten Wälder betraten, die durch ein dichtes Blätterwerk vor der Äquatorsonne geschützt wurden, betraten wir eine Art von Welt, wie sie die meisten Menschen seit dem Pleistozän vor zwölftausend Jahren nicht mehr gesehen hatten, bevor unsere Spezies in jeden Winkel des Planeten vordrang. Wir gingen in Richtung Süden, und vom ersten Schritt an bemerkten wir, dass die Tiere sich sehr seltsam benahmen. Wir stießen auf eine Horde

Roter Stummelaffen. Statt zu fliehen, starrten sie uns nur an. Genauso ging es uns mit einer Mantelmangabe und einem Peter-Ducker.

An einer Stelle entdeckten wir Leopardenkot, in dem schwarze Haare und einige Knochenstückchen waren. Die Pygmäen behaupteten, es handele sich um Gorillahaar, obwohl nur eine DNS-Analyse da endgültigen Aufschluss geben konnte. Fay hielt es jedoch für möglich, da er Angriffe von Leoparden auf Gorillas dokumentiert hatte. Mit Hilfe einer Pantomime demonstrierte Samory, einer der Späher, wie diese «perfekten» Räuber die ungeheuer starken Affen töten, indem sie sich hinter einem Felsen verstecken, um dann blitzartig hervorzuspringen und die Zähne in die Kehle des Gorillas zu schlagen. Das Ndoki mag von Menschen verschont geblieben sein, aber es ist kein Reich des Friedens.

Im Übrigen gibt es durchaus eine Zivilisation in diesen Wäldern, auch ohne Menschen. Das Gebiet ist durchzogen von Wegen, einige so breit wie Boulevards, die von Elefanten angelegt und in Ordnung gehalten werden. Ndokanda, ein ehemaliger Elefantenjäger, der sich Fay als Fährtensucher zur Verfügung stellte, sagt: «Dies ist die Elefantenstadt, und es ist auch die Stadt der Leoparden und anderer Tiere.» Das Wegenetz führt zu den Lieblingsstellen der Elefanten: Orten, wo sie Salz lecken können; Lichtungen, wo sie sich mit Verwandten und Freunden treffen; Badestellen, wo sie sich mit Schlamm bedecken können; knorrigen Bäumen, wo sie sich den Schlamm abreiben und ihre Haut gleichzeitig von Flöhen befreien; Bäumen wie *Balanites wilsoniana* und *Autranella congoensis*, die die großen Tiere wegen ihrer Früchte lieben.

Schon bald hatten wir die überjagten Gebiete westlich des Ndoki hinter uns gelassen, wo die Elefantenpfade verlassen und überwuchert waren. Am Ostufer entdeckten wir dann überall frische Elefantenspuren. Einige Male kamen wir den Tieren so nahe, dass wir sie sogar riechen konnten. Aber wir bekamen die riesigen Säugetiere weder zu sehen noch zu hören. Weil sie ein so gewaltiges Territorium durchstreifen und vielleicht wegen ihrer Fähigkeit, miteinander zu kommunizieren, waren sie die einzigen Geschöpfe in diesem Ökosystem, die über Menschen Bescheid wussten. Sie wussten, wie gefährlich wir sein können, und daher hielten sie sich von uns fern, bis auf den einen Tag, an dem sie uns eine beeindruckende Warnung zukommen ließen, indem sie während unserer Abwesenheit unser Lager zerstörten, Zelte einrissen und die provisorischen Holzhütten zerschmetterten, die die Pygmäen mit solcher Geschicklichkeit errichtet hatten. Trotzdem findet Fay alle Anzeichen dafür, dass Elefanten in der Nähe sind, ermutigend. Er zeigt auf einen Baum, dessen Borke noch immer zerfetzt ist, weil ein Elefant sich daran gerieben hatte. «So etwas sehe ich immer wieder gern», sagt er. «Es gibt keinen niederschmetternderen Anblick als den eines Baumes mit verheilten Narben, weil die Elefanten, die ihn benutzt haben, schon lange nicht mehr da sind.»

Wenn man auf ihren Pfaden wandelt und auf ihre Lichtungen kommt, die alle Spuren nicht lange zurückliegender Benutzung aufweisen, ist es ein wenig so, als käme man in ein Haus, in dem das Radio spielt und ein Topf auf dem Herd vor sich hin köchelt, ohne dass man jemanden anträfe. Die Anlage der Pfade und Lichtungen zeugt von Intelligenz. (Wie in New York verlaufen die Hauptstraßen in nördlicher und südlicher Richtung, während die kleineren Wege sie in östlicher und westlicher Richtung kreuzen.) Die Elefantengemeinschaft hält diese Infrastruktur durch Benutzung instand und – wer weiß? – vielleicht durch Arbeitsteilung; möglicherweise werden verschiedenen Mitgliedern der Gruppe präventive Wartungsarbeiten zugewiesen. Die Art und Weise, wie die Elefanten den Wald verändert haben, offenbart ein bestimmtes Wissen, und wenn sich ein außerirdischer Archäologe in das Ndoki verirrte, würde er diese Erdarbeiten vielleicht als Beweis für das angesammelte Wissen einer Zivilisation geistig empfänglicher Wesen halten. Warum sollten wir nicht dasselbe tun?

Die Elefanten haben sogar ihre eigene Art von Ferngesprächen, auch wenn sie dabei größeren Einschränkungen unterliegen als wir bei den verschiedenen Telefongesellschaften. In der Annahme, dass Elefanten sehr niedrige Frequenzen benutzen, die für das menschliche Gehör nicht wahrnehmbar sind, um über große Entfernungen miteinander zu kommunizieren, entwickelte Katy Payne ein Experiment, um diese Hypothese an einer Gruppe von Elefanten in Ostafrika zu erproben. Sie sandte niederfrequente Aufzeichnungen der Brunftrufe zweier Elefantenkühe aus. Wie sie die Geschichte in ihrem Buch *Stiller Donner* erzählt, griffen zwei Elefantenbullen die Signale auf und stürmten los, nicht zu zwei heißblütigen Weibchen, wie sie dachten, sondern zu einem Volkswagenkombi mit zwei jungen Männern und einigen Speziallautsprechern. Als die Elefanten auf die Forscher zudonnerten, fragte der Aufseher, der die Aktion überwachte, die arglosen Männer in dem Kombi lakonisch, ob sie irgendwelche letzten Wünsche hätten.

Nun mag es ja verführerisch sein, diesen über lange Entfernungen hinweg übermittelten Botschaften einen semantischen Inhalt zu unterstellen, aber sie sind vielleicht reicher an emotionalem Inhalt als an Symbolismus. Selbst wenn diese Botschaften kaum mehr sind als ein «ich wünschte, du wärest hier», können wir uns doch ein reiches Gemeinschaftsleben in der «Elefantenstadt» vorstellen.

Auch viele andere Tiere profitieren von den öffentlichen Arbeiten der Elefanten. Ihre Wege und Lichtungen erschließen den Wald für andere große Tiere wie Büffel und Huftiere wie das Bongo. Auch uns erleichterten die Pfade das Gehen. Als wir einen dieser Pfade hinuntergingen, blieb Joachine, einer der Pygmäenspäher, plötzlich stehen. Dann erbebte der Busch neben dem Weg, und ein Gorillamännchen stürzte hervor. Genauso plötzlich blieb das große Männchen stehen und starrte uns einfach nur an. Das war eine Erfahrung, die wir immer wieder machten. Tatsächlich begegneten uns im Laufe der Expedition fünfzehn Gruppen von Gorillas, und wir erlebten nur zwei halbherzige Angriffe. Diese Angriffe waren nichts im Vergleich zu den beängstigenden Erlebnissen, die viele Menschen anderswo in Afrika hatten, und nach einer Weile sprachen wir von den «pazifistischen Gorillas des Ndoki».

Wie viele andere Tiere, die unseren Marsch mit verständnislosem Staunen beobachteten, schienen die Gorillas nicht zu wissen, was sie von den fremden Eindringlingen halten sollten. Wir waren offensichtlich Primaten, größer als Schimpansen und ziemlich groß für einen Gorilla, aber offensichtlich in puncto Muskeln selbst dem schwächlichsten Gorilla unterlegen. Bei den fruchtlosen Angriffen konnten wir den Gorilla beinahe denken sehen: «Aha, Primaten dringen in mein Gebiet ein, ich sollte besser angreifen ... Moment mal, was sind das denn für Typen? Warum greife ich sie überhaupt an?»

Wie andere große Tiere haben auch die Gorillas von den Rodungsarbeiten und dem Straßenbau der Elefanten profitiert. Wo Elefanten den Wald roden, schießt eine nahrhafte krautige Vegetation aus dem Boden und wird von Gorillas und vielen anderen großen Pflanzenfressern verzehrt. Daher – je mehr Elefanten, umso mehr Gorillas. Fay sagt, dass die Gorillas eine Vorliebe für sumpfiges Tiefland haben, während Schimpansen weiter vom Wasser entfernt in den dichten Wäldern leben. Das Ndoki, wo die Populationen beider Arten sehr groß sind, ist einer der wenigen Orte auf Erden, wo Schimpansen und Gorillas nah beieinander leben. Forscher haben beide Arten gleichzeitig auf Feigenbäumen beobachtet, wo sie die energiereichen Früchte fraßen.

Am zweiten Tag der Reise machten wir uns in «das Unbekannte» auf, wie Fay dieses Gebiet nannte. Unser hauchdünner Vorwand für diese Mission war die Suche nach zwei Lichtungen (oder Bais, wie man sie nannte), die auf Satellitenbildern sichtbar geworden waren; dabei konnten wir auch eines der frühen GPS-Geräte («geographical positioning system») in der Praxis testen, das Fay erworben hatte, um dieses noch nicht kartografierte Gebiet besser zu vermessen. Je weiter wir uns von den Dörfern und dem Palmwein entfernten, zu umso besserer Form liefen die Pygmäen auf. Im Wald sind sie absolute Selbstversorger und fertigen Taue aus Kletterpflanzen an, Becher aus Blättern und Schlafmatten aus Borke. In einer anderen Forschungsstation etwa achtzig Kilometer nördlich betrachtete einmal ein Pygmäe eine Sammlung von Samen, die eine Wissenschaftlerin im Rahmen der Recherche für ihre Dissertation im Wald gesammelt hatte. Ohne einen Augenblick lang nachzudenken, zeigte der junge Mann auf die verschiedenen Samen und sagte: «Gorillas fressen das, Schimpansen fressen das, Affen fressen das», und so weiter, womit er beiläufig die Ergebnisse der mehrjährigen Forschung dieser Frau bestätigte.

Selbst nach vierzehn Jahren Erfahrung im Regenwald konnte Fay immer noch eine Fährte verlieren, aber Ndokanda oder jeder andere Pygmäe kann mit einem Blick selbst den schwächsten Abdruck deuten. Tatsächlich war das einzige Mitglied unserer Gruppe, das eine Fährte verlor (natürlich mit mir im Schlepptau), ein Bantuträger, der eine Pygmäenfrau geheiratet hatte. Trotz vieler Jahre, die er mit seiner Pygmäen-Schwiegerfamilie gelebt und gejagt hatte, besaß der Mann nicht die beinahe übernatürliche Fähigkeit der Pygmäen, jede Spur im Wald zu deuten. Am dritten Tag wurde uns auf dramatische Weise diese erstaunliche Fähigkeit der Pygmäen vor Augen geführt.

Der Satellitenkarte zufolge sah es so aus, als müssten wir über mindestens vierzig Kilometer trockenes Land gehen, bevor wir die nächste Wasserstelle erreichten. Wenn wir nicht bis zum Abend einen Fluss fanden, hatten wir eine wasserlose Nacht nach einem langen Tagesmarsch vor uns. Obwohl wir ihn mit einer guten Zigarre zu bestechen versuchten, gab Ndokanda ein für Pygmäen untypisch langsames Tempo vor, weshalb Fay beschloss, den Mann zu beschämen, indem er selbst die Führung übernahm. Als wir vor den anderen hergingen, bemerkte er: «Das Einzige, was die Pygmäen absolut nicht leiden können, ist ein weißer Mann, der im Wald die Führung übernimmt.»

Am Nachmittag war ich vollkommen verschwitzt und wie ausgedörrt, aber es waren noch immer keine Spuren von Wasser zu sehen – und auch nicht von den Pygmäen, die hinter uns herzuckelten. Irgendwann entdeckte Fay eine dicke Rebe und sagte: «Aha!» Er hackte genau an der richtigen Stelle einen Teil der Pflanze ab und ließ sich Wasser in den Mund sprudeln. Ich schnappte mir seine Machete und hieb auf die Pflanze namens *Sissus danclydgia* ein, bekam aber nur noch ein paar von den restlichen Tropfen ab.

Als die Sonne unterging und es so aussah, als hätten wir eine trockene und verzweifelte Nacht vor uns, kamen wir endlich zu einem Flecken sandigen Bodens – ein gutes Zeichen. Kurz darauf fanden wir Fußabdrücke von Elefanten, die mit Wasser gefüllt waren. Das Wasser sah sauber aus, und ich begann gierig zu trinken. Fays Hand war, nachdem er stundenlang mit der Machete gearbeitet hatte, so müde, dass er nicht einmal die Wasserflasche aufbekam, die ich gerade gefüllt hatte.

Kurz vor Einbruch der Dunkelheit kam Ndokanda an uns vorbeigerauscht. Ohne sich die Mühe zu machen anzuhalten, brüllte er Fay auf Sango, seiner Pygmäensprache, zu: «Du Narr, ich kenne diese Stelle. Direkt vor uns ist jede Menge Wasser.» Ndokanda hatte natürlich Recht, und wir standen mit offenem Mund da und fragten uns, wieso er sich an diesen winzigen Waldstrich erinnern konnte, den er nur bei einem kurzen Streifzug mit Fay vor etlichen Jahren einmal betreten hatte.

Nachdem wir die Gegend einige Tage lang erforscht hatten, machten wir uns auf den Weg tiefer in den Wald hinein. Das Reisen mit Fay ist ein wenig wie eine Schatzsuche – wenn man die halb gefressenen Überreste einer Frucht, die ein Gorilla liegen gelassen hat, als Schatz ansieht. Fay kostete begeistert von diesen Früchten, und auch ich probierte die saftigen Kerne eines *Myrianthus arboreus*. Das könnte der Augenblick gewesen sein, in dem ich mir eine mysteriöse Magen-Darm-Krankheit zuzog, deren Heilung jahrelange Besuche bei Experten für Tropenmedizin und Heilern aus dem Regenwald nach sich zog. Aber vielleicht habe ich mir den Bazillus auch von der halb gegessenen *Treculia africanus* geholt, einer bei Pygmäen, Gorillas und Schimpansen besonders beliebten Frucht, die ein wenig nach Erdnüssen schmeckt.

Während dieser Märsche blieben wir gelegentlich stehen und baten die Pygmäen, Ducker zu rufen. Das tun sie, indem sie sich die Nase zuhalten und laute Schreie ausstoßen, die wie die Geräusche klingen, die diese kleinen, hirschähnlichen Tiere beim Gebären von sich geben. Wenn andere Ducker dieses Geräusch hören, kommen sie herbeigelaufen, was den Pygmäen die Jagd erleichtert. Die Jagd war jedoch nicht unser Ziel. Unter den anderen Geschöpfen, die dieser Schrei anlockte, befanden sich auch Schimpansen, die darin eine Gelegenheit sahen, selbst ein wenig zu jagen und einen Ducker in einem Augenblick der Verletzlichkeit zu erwischen.

Wir blieben in unregelmäßigen Abständen stehen, um diese Rufe auszustoßen, und lockten damit mehrere ungewöhnliche Tiere an, einschließlich des seltenen Gelbrückenduckers, eines Tiers, das mit seinem trüben goldfarbenen Fleck auf dem Rücken angeblich den Mythos um das Goldene Vlies inspiriert hat. Wenn wir dann eine Rast einlegten, zahlte sich unser Tun aus. Fay, Karen Lotz und ich waren der Gruppe der Pygmäen zusammen mit Ndokanda ein Stück vorausgegangen. Ndokanda hockte sich hin und stieß den Ruf aus. Diesmal hörten wir eine Gruppe großer Tiere auf uns zustürzen, und einen Augenblick lang verspürte ich die Angst des Gejagten.

Das Gefühl verschwand, sobald eine sehr große Schar von Schimpansen aus dem Busch auftauchte und uns entdeckte. Die Affen blieben wie angewurzelt stehen. Blutgier machte Erstaunen Platz. Es war ganz klar, dass sie etwas erblickten, das sie noch nie zuvor gesehen hatten. Sie begannen mit den Füßen aufzustampfen, sie schüttelten die Arme aus, riefen einander etwas zu und bewarfen uns bisweilen auch mit Zweigen. Die Kleinen wagten sich tapfer in unsere Nähe, nur um von ihren vorsichtigen Mamas zurückgerissen zu werden. Aus den Zweigen über uns sah ein sehr alter Schimpanse mit vollkommen weißem Haar mit vor Staunen geöffnetem Mund auf uns hinab. Ich fragte mich, ob die anderen Schimpansen ihn später um eine Erklärung für diese Besucher aus einer anderen Welt bitten würden.

Bis zu fünfundzwanzig Tiere schrien uns von allen Seiten an, während wir mit einstudierter Lässigkeit dastanden und nach Möglichkeit auf ruckartige Bewegungen verzichteten. Jedes Mal, wenn wir uns auch nur rührten, begannen die Schimpansen aufs Neue laut zu schreien, aber sie machten zu keiner Zeit Anstalten zu fliehen, und sie griffen uns auch nicht an. In keinem anderen Teil des afrikanischen Regenwaldes reagieren wilde Schimpansen so auf Menschen. Mehr als zwei Stunden lang blieben die faszinierten Schimpansen in unserer Nähe und kamen bis auf wenige Schritte heran.

Später bezeichnete Fay dies als die ungewöhnlichste Naturerfahrung während seiner vierzehn Jahre in Afrika. Für mich war es die erstaunlichste Erfahrung meines Lebens. Für die Schimpansen um uns herum musste der Anblick von Menschen eine Affenversion von *Begegnungen der dritten Art* sein. Zuerst reagierten die Affen mit Drohungen und Alarmrufen, aber einige der Tiere schienen Schreie auszustoßen, mit denen Schimpansen einander zu begrüßen pflegen. Ich würde gern glauben, dass zumindest einige dieser Schimpansen uns affenähnliche Fremde in ihrem Wald willkommen geheißen haben.

Mit jeder Begegnung wuchs meine Überzeugung, dass dieser menschenleere Wald nicht ohne verschiedene Formen von Intelligenz ist. Da wäre zum einen das gesammelte Wissen der Elefantenzivilisation, das diesem Wald seinen unverkennbaren Stempel aufdrückt. Dann wären da die Schimpansenbanden, deren Mitglieder zu ihrem eigenen Nutzen Pläne schmieden und Bündnisse eingehen, die Werkzeuge herstellen und benutzen, um sich Nahrung zu verschaffen, und die auf der Jagd oder in Konflikten mit anderen Banden miteinander kooperieren. Da wären die Gorillafamilien, in denen silberrückige Paschas das Sagen haben, die sich über Verrat in ihren Harems und Intrigen durch ehrgeizige junge Männchen durchaus im Klaren sein müssen. Und dann erleben wir noch ein gewisses Maß an Bewusstsein bei den Leoparden, die eine ganze Anzahl verschiedener Fähigkeiten erwerben müssen, um bei ihrer nimmer endenden Suche nach Opfern andere Tiere zu verfolgen und zu töten.

Obwohl keins dieser Tiere die außerordentliche Konzentrationsfähigkeit und die symbolische Ausdrucksweise besitzt, die die Menschen im Laufe der Evolution entwickelt haben, verfügen sie vielleicht über andere geistige Gaben, die den Menschen fehlen oder die sie im Laufe der Zeit verloren haben. So rotten sich Schimpansen in der Nacht zusammen und gehen dann tagsüber in verschiedene Richtungen, nur um wieder zusammenzukommen, bevor sie sich für die Nacht bereitmachen. Wie vermitteln sie einander den Plan für den bevorstehenden Tag, wie teilen sie sich die Aufgaben, wenn sie das tatsächlich tun? Haben diese und andere Tiere nichtsymbolische Möglichkeiten, im Bewusstsein eines anderen Wesens Bilder zu erzeugen? Gibt es außer der Fähigkeit zur Planung noch ganz andere Formen der Geistestätigkeit, die die Lebewesen dieses Urwaldes verbinden? Es ist möglich, aber wir brauchen das Übersinnliche nicht, um zu akzeptieren, dass dieses Ökosystem ohne Menschen von Intelligenz erfüllt ist. Und es ist tröstlich zu wissen, dass ein Baum, der im Wald umstürzt, nicht unbemerkt bleibt, auch wenn kein Mensch da ist, um davon Notiz zu nehmen.

Trotzdem bedeutet das Vorhandensein von Intelligenz in dem Wald nicht zwangsläufig, dass es sich um einen freundlichen Ort handelt. Irgendwann gegen Ende der Expedition fand eine der vielen Mikroben, die auf der Suche nach neuen Wirten auf der Lauer liegen, ihren Weg zu mir. Da es mir nicht möglich war, eine Diagnose für mein Leiden zu finden, beschrieb ich es mit Hilfe seiner Symptome als die «Herzinfarkt/gebrochene Rippen/tödlicher Juckreiz»-Krankheit (nicht zu verwechseln mit der beinahe unheilbaren Magen-Darm-Krankheit, die ich mir ebenfalls in dem Wald zugezogen habe). Später vermutete Dr. Kevin Cahill, ein bekannter Spezialist für Tropenmedizin, dass es sich um Denguefieber handelte. Was es auch war, sein Erscheinen mitten im Ndoki war ebenso unwillkommen wie ungelegen. Ich war geschwächt und hatte das Gefühl, als sei mir jeder Knochen im Leib gebrochen worden, daher hielt ich es für besser, einen langen, anstrengenden Marsch in Richtung des zweifelhaften Komforts von Bomassa zu wagen, als mir Zeit zu lassen und eine Verschlimmerung meines Zustands mitten im Ndoki zu riskieren.

Daher legten wir an einem einzigen Tag fast fünfzig Kilometer zurück. Mike hat in puncto Ausrüstung eine eher lässige Einstellung, und die damit verbundenen Nachteile wurden gegen Abend sichtbar, als wir zu dem Lager am Fluss Djeke zurückkamen. Dort ließen wir die Pygmäen zurück, die klugerweise auf das Morgenlicht warten wollten, und gingen mit Taschenlampen weiter, während sich schlagartig Dunkelheit über den Wald senkte. Unglücklicherweise ließen uns sehr bald auch unsere Taschenlampenbatterien im Stich. Karen förderte eine von den winzigen Kugelschreibertaschenlampen zutage, die man zum Lesen von Landkarten benutzt, und unsere lächerliche Blindenprozession ging weiter, während Mike versuchte, in dem schwachen Licht, das einige Zentimeter Düsternis vor ihm durchdrang, Spuren des Pfades zu finden. Nach etwa einer Stunde tasteten wir uns auf dem breiteren Weg entlang, der nach Bomassa hineinführte, und endlich, als meine sämtlichen Gelenke sich in einem Zustand offener Rebellion befanden, taumelten wir Stunden später ins Lager. Jetzt wusste ich, was die Worte «sehr, sehr schwierig» bedeuteten.

Als ich 1992 in den Wald ging, hatte ich den Ehrgeiz, seine Wunder ans Licht zu bringen und vielleicht die Weltöffentlichkeit zu mobilisieren, um diese Rarität zu schützen. Seither hat der Kongo Militärputsche und Aufstände erlebt, aber die Region ist – zum Teil dank der Bemühungen der Wildlife Conservation Society und anderer Umweltschutzgruppen sowie des gewaltigen Einflusses der Weltbank – im Großen und Ganzen unversehrt geblieben. Sie trägt jetzt den Namen Ndoki-Nouabale National Park, und wenn die Menschen sich an die Vereinbarung halten, wird das Kerngebiet für immer lediglich offiziellen wissenschaftlichen Expeditionen offen stehen, die unter strengen Auflagen arbeiten müssen. Das ist allerdings ein großes Wenn.

Ein kleines Gebiet, einschließlich einiger Teile der Region, die ich 1992 besuchte, ist dem Ökotourismus geöffnet worden. Um den Zugang zum Wald zu erleichtern, hat man eine Straße von Bomassa bis zu den Ufern des Flusses Ndoki gebaut. Ein Marsch, der früher annähernd zwei Tage dauerte, lässt sich jetzt mit dem Jeep in weniger als einer Stunde bewältigen. Ständige Unruhen in der Region sorgen dafür, dass die Anzahl der Besucher sich auf einige wenige hartgesottene Seelen im Monat beschränkt, aber die Erschließung eines jeden Gebiets in Afrika hat in der Regel katastrophale Konsequenzen für die Natur. Mike Fays eigene Studien haben gezeigt, dass die Wilderer am schlimmsten gerade dort wüten, wo die nächste Straße nur einen Tagesmarsch entfernt ist.

Als ich im Ndoki war, führten Fay und ich etliche Gespräche über die Gefahren einer Entmythologisierung des Ndoki für die Pygmäen, die eines Tages vielleicht in Versuchung geraten werden, sich an dem reichlich vorhandenen Vorrat von Buschfleisch zu bedienen. Nach meiner Reise hörte ich tatsächlich, dass mindestens eine Bande von Pygmäen bei der Jagd im Ndoki erwischt worden war. An dem Raubzug der Wilderer war keiner der Pygmäen beteiligt gewesen, die für uns gearbeitet hatten, aber zu meinem Entsetzen erfuhr ich, dass die Gruppe von einem Amerikaner dorthin geführt worden war, der etliche Jahre bei den Pygmäen gelebt hatte und der Fay kannte. Diese spezielle Gruppe, die in der Zentralafrikanischen Republik beheimatet war, hatte Mühe, Wild zu finden, und der Amerikaner brachte sie ins Ndoki, damit sie jagen konnten. Der beste Schutz für das Ndoki war die Angst derer, die sonst vielleicht in Versuchung geraten wären, dort zu jagen. Sobald feststeht, dass diese Angst unbegründet ist, kann der Westen sich noch so sehr bemühen – nichts wird die Wilderer daran hindern, in den Wald einzudringen.

Es hat seit meiner Reise 1992 noch andere Entwicklungen in diesen Wäldern gegeben. Als ich ins Ndoki ging, hatten nur wenige Wissenschaftler dort viel Zeit zugebracht, und auch dann hauptsächlich in den Randgebieten. Zu jener Zeit gab es keine Beweise dafür, dass sich in der Region jemals Menschen angesiedelt hatten. Seither haben spätere Expeditionen uralte Palmnüsse in Flussbetten gefunden. Weil nur Menschen Palmnüsse an den Fluss bringen würden, liefern diese Fossilien doch den Beweis, dass die Wälder in ferner Vergangenheit bewohnt waren. Mit Hilfe der Radiocarbon-Methode sind diese Nüsse untersucht worden, und es sieht so aus, als hätte die menschliche Besiedlung der Region vor etwa tausendsiebenhundert Jahren ihren Höhepunkt erlebt, um bis etwa siebenhundert nach Christus sehr schnell wieder zu verschwinden.

Forschungen in benachbarten Wäldern in Gabun legen die Vermutung nahe, dass um diese Zeit die Anzahl der Menschen in Zentralafrika überhaupt drastisch zurückging. Zuvor oder zeitgleich mit der Katastrophe war es zu einer massiven Entwaldung gekommen, aber anschließend gab das Verschwinden des Bevölkerungsdrucks den Wäldern Zeit, sich zu erholen. Es ist noch immer unklar, was diese ökologische und menschliche Katastrophe ausgelöst hat, aber die Daten sind verdächtig nahe an einer weltweiten Klimaveränderung, die eine dreihundert Jahre währende Dürreperiode in Mittelamerika einleitete (ungefähr zu der Zeit, da der Niedergang der Mayas einsetzte). Außerdem veränderte sich die jahreszeitliche Verteilung der Niederschläge in Europa und Asien zu dieser Zeit.

Diese Entdeckung rief mir wieder die unheilvolle Trockenheit der letzten fünfundzwanzig Jahre ins Gedächtnis, die das Ndoki bis an die unterste Grenze der Niederschlagsmenge gebracht hat, die zur Erhaltung eines tropischen Regenwaldes nötig ist. Ist die Region zum Untergang verurteilt, ganz gleich, was die Nationen der Welt zu ihrer Rettung unternehmen mögen? Auf welche Weise haben wir zu diesen unheilvollen Klimaveränderungen durch die Abholzung in ganz Afrika beigetragen sowie durch die Verbrennung fossiler Brennstoffe? Es scheint, dass selbst an den entlegensten Orten der Erde die Tiere Gefangene der menschlichen Aktivitäten sind, auch wenn sie nie ein menschliches Wesen zu Gesicht bekommen haben.

Ich finde es unaussprechlich traurig, dass wir, gerade da wir zu begreifen beginnen, dass die Welt voller intelligenter Lebewesen ist, die Wälder auslöschen und mit ihnen ihre Bewohner, die ihnen Leben schenken. Die Arroganz des Menschen bestand in unserer Annahme, wir seien die einzigen fühlenden Wesen in einer Welt, in der es ansonsten weder Bewusstsein noch Innenleben gibt. Trunken von unserer eigenen intellektuellen Macht, haben wir den Rest der Natur mit unserer Einmischung überwältigt, haben andere Arten verdrängt und ausgerottet, und das in einem Maße, das, abgesehen von der Katastrophe, die vor fünfundsechzig Millionen Jahren die Dinosaurier auslöschte, nicht ihresgleichen kennt. Die Natur wird sich natürlich irgendwann erholen, aber möglicherweise werden wir einen hohen Preis für den Hochmut zahlen, zu glauben, wir könnten die Biosphäre besser organisieren als die Natur selbst.

Was ist überhaupt Intelligenz? Wenn das Leben im Wesentlichen eine endlose Fortdauer einer Spezies ist, und wenn die Intelligenz dieser Fortdauer dienen soll, dann können wir den Meeresschildkröten mit ihrem erbsengroßen Gehirn nicht das Wasser reichen, denn sie waren schon vor uns da und haben auch den Asteroideneinschlag überlebt, der die Dinosaurier vernichtet hat. Während unserer kurzen Amtszeit von zweihunderttausend Jahren auf diesem Planeten haben wir dessen Lebenserhaltungssystem bis an seine Grenzen strapaziert und an Ozonschicht und Klima herumgepfuscht, zwei notwendigen Voraussetzungen für eine bewohnbare Welt. Wie intelligent ist das? Denkt irgendjemand ernsthaft, wir könnten noch ein paar tausend Jahre lang unsere Einfallskraft und unsere Kommunikationsfähigkeit einsetzen, ohne eine von Menschen geschaffene Apokalypse über uns zu bringen – ganz zu schweigen von den hundertfünfundsechzig Millionen Jahren, die zu überleben es den Schildkröten möglich war?

Wie sich zeigt, ist unsere Art von Intelligenz gefährlich, solange sie nicht zum langfristigen Nutzen der Biosphäre gezügelt wird. Vielleicht hat es in der Vergangenheit bei verschiedenen Spezies eine solche Art von Intelligenz gegeben, die wieder verschwunden ist. Die unbeschränkte Anwendung von planerischen Fähigkeiten scheint kein gutes Rezept für langfristigen evolutionären Erfolg zu sein. Sobald der Geist sich von religiösen, kulturellen und physischen Zwängen befreit, brennt er schnell und heiß und verzehrt und verändert alles um sich herum. Vielleicht ist das der Grund, warum höhere geistige Fähigkeiten bei anderen Geschöpfen zwar vorhanden, aber eingeschränkter sind und enger definiert.

Ein Gutteil des Blutes, das bei Menschen ins Gehirn fließt, strömt bei unseren engsten Verwandten, den Schimpansen und Bonobos, in die Muskeln. Das Gehirn ist den Anforderungen des Körpers buchstäblich unterlegen. Es ist ein Kompromiss, der in der Natur eher die Regel darstellt als die Ausnahme. Man braucht der Evolution keinen Plan zu unterstellen, um ein implizites Urteil zu erkennen, dass langfristiger Erfolg jenen Geschöpfen zuteil wird, die sich an die Bedürfnisse größerer Ökosysteme anpassen, statt es sich anzumaßen, die Ökosysteme ihren Bedürfnissen entsprechend zu verändern.

Trotz dieser Einschränkungen erhält jedoch ein wenig Intelligenz das Leben zahlloser Geschöpfe. Wenn wir mit gefangenen Tieren umgehen und wenn wir ihnen in freier Wildnis begegnen, können wir hier und da einen Funken Intelligenz aufblitzen sehen, wenn ein Tier sich auf Fähigkeiten stützt, die ihm helfen, sich Nahrung zu verschaffen und innerhalb seiner Gruppe zu gedeihen. Sie manipulieren, täuschen, locken und setzen sich auf andere Weise mit den Menschen auseinander, denen sie begegnen. Immer wieder tun sie außerordentliche Dinge, und wir gewinnen Einblicke in die Frage, welchen Ursprung einige unserer Fähigkeiten haben mögen. Und, wichtiger vielleicht, wir können dann verstehen, dass es möglicherweise Spaß macht, ein Orang-Utan oder ein Papagei zu sein. Diese und viele andere Tiere erfreuen sich eines Lebens, reich an Gefühlen und körperlicher Kraft, aber sie sind trotzdem mit der Fähigkeit ausgestattet, das Leben aus einer gewissen Distanz würdigen zu können, auch wenn ihre Horizonte beschränkter sind, als sie sich von dem berauschenden, gefährlichen Olymp aus darbieten, der unser Fluch ist und unser Segen.

# Dank

Am meisten Dank schulde ich meinen Eltern, vor allem meiner Mutter, Gloria Linden, die mich von früher Kindheit an für die Individualität und Persönlichkeit der einzelnen Tiere empfänglich gemacht hat, die uns im Lauf des Tages jeweils begegnet sind. Dieses Klima eines üppig wuchernden Anthropomorphismus hat mich bleibend geprägt und zeigte sich zum Beispiel auf der High School, als ich mich – bei der Wahl eines Themas für eine Arbeit über griechische Mythologie – für den minderen Halbgott Melampus entschied, dessen einzigartige Gabe in der Fähigkeit bestand, mit den Tieren reden zu können.

Seither habe ich über Tiere geschrieben und darüber, ob sie sprechen oder denken können. In den achtundzwanzig Jahren, seit ich die Arbeit am Buch *Die Kolonie der sprechenden Schimpansen* aufnahm, sind mir Gespräche mit und Unterweisungen durch Hunderte von Wissenschaftlern, Tiertrainern und Tierpflegern zugute gekommen. Viele von ihnen habe ich schon in früheren Büchern und Beiträgen zitiert und aufgeführt.

Dennoch möchte ich einige Wissenschaftler und «Tierleute» besonders herausstellen, die mir in besonderem Maße geholfen haben, etwas von der Intelligenz, den Tugenden und den Lastern verschiedener Tiere zu verstehen. Zu ihnen zählen Beth Armstrong, Gail Laule, Maureen Frederickson, Charlene Jendry, Gigi Ogilvie, Rick Glassey, Helen Shewman und Geoffrey Creswell.

Das Verwaltungs- und Pflegepersonal des Woodland Park Zoo, der Zoos von San Diego, Columbus und Tulsa, des Bronx Zoo sowie von ZooAtlanta war besonders hilfsbereit und kooperativ, ebenso wie die Verantwortlichen der American Zoo and Aquarium Association, der American Veterinary Medicine Association, der International Society for Behavioral Ecology und der Society for Interactive and Comparative Biology. Vielen Dank auch an Leon Levy and Shelby White, die mir einen perfekten Platz zur Verfügung gestellt haben, um mich zu verkriechen und die letzte Revision meines Manuskriptes hinter mich zu bringen. Auch Katherine und Aubrey Buxton gilt mein Dank, die mich auf die außerordentliche Geschichte der Leopardin Harriet aufmerksam gemacht haben.

In diesem Buch habe ich eine Reihe wissenschaftlicher und philosophischer Themen wieder aufgegriffen, über die ich früher bereits geschrieben hatte, und so möchte ich an dieser Stelle auch James Gould, Richard Byrne, Sally Boysen, Lyn Miles, Donald Griffin, Thomas Sherratt, Karen Pryor, William Conway, Gail Patricelli, Daniel Dennett, Steve Nowicki, Marion East und Heribert Hofer für ihre Einsichten und ihr reiches Wissen danken.

Dem Buch kam außerdem die Kompetenz und Professionalität des Verlages Dutton zugute. Claire Ferraro danke ich für die Förderung des Buches während jeder einzelnen Phase seiner Entstehung, Karen Lotz für ihre hervorragende Lektorierung und Karens Assistentin, Amy Wick, für die Erledigung von Anfragen und Bewältigung von Problemen weit über das von der Pflicht gebotene Maß hinaus. David Bjerklie hat sichergestellt, dass ich den Text von nicht zu rechtfertigenden Annahmen säuberte (ein schwieriges Unterfangen bei einem Buch, dessen Grundvoraussetzungen in den Augen einiger Wissenschaftler unhaltbar sind), und Cary Ryan hat sich mit scharfem Blick interner logischer Fehler angenommen; auch ihnen beiden gilt mein Dank. Und wie immer danke ich Esther Newberg, die mir und meinem Buch zur bestmöglichen Vertretung verholfen hat.

Und schließlich, man möge mir diese Sentimentalität nachsehen, habe ich den vielen Schoßtieren zu danken, die in meinem Leben eine Rolle gespielt haben, angefangen mit Cinders, der Katze meiner Kindheit, bis hin zu Zephyr, der heldenmütigen Maine-Coon-

Katze, Murghatroyd, Philo und Junior, unseren derzeitigen Bengalen, und Caruso, einer alten, weisen, herrenlosen Katze in unserer Nachbarschaft, die sich dort mit jedermann angefreundet hat, obwohl sie allen unseren Hauskatzen schwer zusetzt. Sie alle haben mir etwas darüber vermittelt, was es heißt, ein Tier zu sein. Selbst Bully, mein riesiger Ochsenfrosch, der, als ich zehn war, alle anderen Frösche in seinem Gehege verspeiste, hat mir etwas mitgeteilt – wenn ich mir auch immer noch nicht sicher bin, welches genau die Botschaft war, die er mir zukommen lassen wollte.

# Ausgewählte Literatur


Boesch, Christophe. 1992. «New elements of a theory of mind in wild chimpanzees.» *Behavioral and Brain Sciences.*

Byrne, Richard W. 1995. *The Thinking Ape.* Oxford: Oxford University Press.

_____, und Andrew Whiten. 1988. *Machiavellian Intelligence: Social Expertise and the Evolution of Intellect in Monkeys, Apes, and Humans.* Oxford: Oxford University Press.

Chadwick, Douglas H. 1994. *The Fate of the Elephant.* San Francisco: Sierra Club Books.

Darwin, Charles. 1872. *The Expression of the Emotions in Man and Animals.* Nachdruck, Chicago und London: The University of Chicago Press, 1965. – Deutsche Übersetzungen:
(1) *Der Ausdruck der Gemüthsbewegungen bei dem Menschen und den Thieren.* Nachdr. nach der Stuttgarter Ausg. von 1972. Nördlingen: Greno, 1986.
(2) *Der Ausdruck der Gefühle bei Mensch und Tier.* Neu hg., ausgew. und komm. v. Ulrich Beer. Düsseldorf: Rau, 1964.
(3) *Der Ausdruck der Gemütsbewegung bei den Menschen und den Tieren.* Bearb. Paul Ekmann. Frankfurt am Main: Eschborn, 2000.

Dennett, Daniel C. 1991. *Consciousness Explained.* Boston, Mass.: Little Brown. – Deutsche Übersetzung: *Philosophie des menschlichen Bewußtseins.* Hamburg: Hoffmann und Campe, 1994.

de Waal, Frans. 1982. *Chimpanzee Politics: Power and Sex Among the Apes.* New York: Harper and Row. – Deutsche Übersetzung:

*Unsere haarigen Vettern: Neueste Erfahrungen mit Schimpansen.* München: Harnack, 1983.

____. 1996. *Good Natured: The Origins of Right and Wrong in Humans and Other Animals.* Cambridge, Mass.: Harvard University Press. – Deutsche Übersetzung: *Der gute Affe: Der Ursprung von Recht und Unrecht bei Menschen und Tieren.* München: Hanser, 1997.

Durrell, Gerald Malcolm. 1979. *My Family and Other Animals.* New York: Viking. – Deutsche Übersetzung: *Meine Familie und anderes Getier.* Frankfurt am Main: Ullstein, 1996.

Frisch, Karl von. 1965. *Tanzsprache und Orientierung der Bienen.* Berlin u.a.: Springer.

Gallup, G. 1982. «Self-awareness and the emergence of mind in primates.» *American Journal of Primatology.*

Griffin, Donald R. 1984. *Animal Thinking.* Cambridge, Mass.: Harvard University Press. – Deutsche Übersetzung: *Wie Tiere denken: Ein Vorstoß ins Bewußtsein der Tiere.* München u.a.: BLV-Verl.-Ges., 1985.

____. 1998. «From cognition to consciousness.» *Animal Cognition.*

Helfer, Ralph. 1997. *Modoc: The True Story of the Greatest Elephant Who Ever Lived.* New York: HarperCollins.

Hölldobler, Bert, und Edward O. Wilson. 1990. *The Ants.* Cambridge, Mass.: Harvard University Press. – Deutsche Übersetzung: *Ameisen.* Basel: Birkhäuser, 1995.

Leakey, Richard, und Roger Lewin. 1993. *Origins Reconsidered: In Search of What Makes Us Human.* New York: Anchor. – Deutsche Übersetzung: *Der Ursprung des Menschen: Auf der Suche nach den Spuren des Humanen.* Frankfurt am Main: Fischer-Taschenbuch-Verlag, 1998.

Linden, Eugene. 1974. *Apes, Men and Language.* New York: Penguin. – Deutsche Übersetzung: *Die Kolonie der sprechenden Schimpansen.* Wien: Meyster, 1980.

____. 1986. *Silent Partners: The Legacy of the Ape Language Experiments.* New York: Times Books.

____. 1992. «Apes and humans». *National Geographic.*

____. 1994. «Can animals think?» *Time.*

Lopez, Barry Holstun. 1978. *Of Wolves and Men.* New York: Scribner's.

Lorenz, Konrad. 1963. *Das sogenannte Böse: Zur Naturgeschichte der Aggression.* Wien: Borotha-Schoeler.

Marler, P., und C. Evans. 1996. «Bird calls: Just emotional displays or something more?» *Ibis.*

McGrew, William. 1992. *Chimpanzee Material Culture: Implications for Human Evolution.* Cambridge, U.K.: Cambridge University Press.

Midgley, Mary. 1978. *Beast and Man: The Roots of Human Nature.* Ithaca, N.Y.: Cornell University Press.

Nagel, Thomas. 1974. «What is it like to be a bat?» *Philosophical Review* 83.

Patterson, Francine, und Eugene Linden. 1981. *The Education of Koko.* New York: Holt, Rinehart & Winston.

Payne, Katy. 1998. *Silent Thunder: In the Presence of Elephants.* New York: Simon and Schuster – Deutsche Übersetzung: *Stiller Donner.* München: Frederking Thaler, 2001.

Peterson, Dale. 1989. *The Deluge and the Ark.* Boston, Mass.: Houghton Mifflin.

Premack, David, und G. Woodruff. 1978. «Does the chimpanzee have a theory of mind?» *Behavioral and Brain Sciences.*

Pryor, Karen. 1995. *On Behavior.* North Bend, Wash.: Sunshine.

____, Richard Haag und Joseph O'Reilly. 1969. «The creative porpoise: Training for novel behavior.» *Journal of the Experimental Analysis of Behavior.*

Ristau, Carolyn A., Hg. 1991. *Cognitive Ethology: The Minds of Other Animals* (Essays in Honor of Donald Griffin). New Jersey: Erlbaum.

Savage-Rumbaugh, Sue, und Roger Lewin. 1994. *Kanzi: The Ape at the Brink of the Human Mind.* New York: John Wiley & Sons. – Deutsche Übersetzung: *Kanzi, der sprechende Schimpanse: Was den tierischen vom menschlichen Verstand unterscheidet.* München: Droemer Knaur, 1995.

Sebeok, Thomas A., und R. Rosenthal. 1981. «The Clever Hans phenomenon: Communication with horses, whales, apes and people.» *Annals of the New York Academy of Sciences.*
Strum, Shirley C., und George B. Schaller. 1990. *Almost Human: A Journey into the World of Baboons.* New York: W. W. Norton.
Tattersall, Ian. 1998. *Becoming Human.* New York: Harcourt Brace.
Whiten, Andrew, Hg. 1991. *Natural Theories of Mind: Evolution, Development and Simulation of Everyday Mindreading.* Oxford: Blackwell.
Wrangham, Richard W., et.al. Hg. 1994. *Chimpanzee Cultures.* Cambridge, Mass.: Harvard University Press.